《灵武长枣纺锤形优质丰产栽培技术》编委会

主　著

李　国　张国庆

副主著

刘　鹏　牛锦凤

参著人员

唐文林　李占文　张静艳　徐文静

王润生　杨学鹏　周　珲　夏道芳

石彩华　张巧仙　万　娟　王瑞宁

刘　璇　马燕梅　耿　佳　史　宽

李　攀　梁　军　何宁生　张兴安

李东阳

灵武长枣纺锤形优质丰产栽培技术

LINGWUCHANGZAO FANGCHUIXING
YOUZHI FENGCHAN ZAIPEI JISHU

李 国 张国庆·著

黄河出版传媒集团
阳 光 出 版 社

图书在版编目（CIP）数据

灵武长枣纺锤形优质丰产栽培技术 / 李国, 张国庆著. -- 银川 : 阳光出版社, 2020.8
ISBN 978-7-5525-5429-8

Ⅰ. ①灵… Ⅱ. ①李… ②张… Ⅲ. ①枣－果树园艺 Ⅳ. ①S665.1

中国版本图书馆CIP数据核字(2020)第156417号

灵武长枣纺锤形优质丰产栽培技术　　李　国　张国庆　著

责任编辑　李少敏
封面设计　晨　皓
责任印制　岳建宁

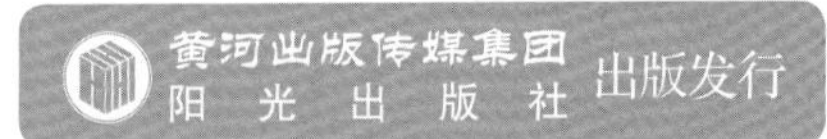

出 版 人　薛文斌
地　　址　宁夏银川市北京东路139号出版大厦（750001）
网　　址　http://www.ygchbs.com
网上书店　http://shop129132959.taobao.com
电子信箱　yangguangchubanshe@163.com
邮购电话　0951-5047283
经　　销　全国新华书店
印刷装订　宁夏凤鸣彩印广告有限公司
印刷委托书号　（宁）0018259

开　　本　787mm × 1092mm　1/16
印　　张　12.5
字　　数　200千字
版　　次　2020年8月第1版
印　　次　2020年11月第1次印刷
书　　号　ISBN 978-7-5525-5429-8
定　　价　80.00元

前 言

灵武长枣产自灵武，栽培历史悠久，是宁夏引黄灌区经过长期自然选择保留下来的优质鲜食品种，以个大脆甜、色泽艳丽、汁液丰富等优点，深受消费者青睐。2006 年，灵武市被国家林业局命名为“中国灵武长枣之乡”，灵武长枣被评为国家地理标志保护产品；2008 年“灵丹牌”灵武长枣被国家农业部评为“中国名牌农产品”。“灵丹牌”“灵武红”等 7 个产品品牌通过了 ISO9001：2000 国际质量管理体系认证，获中国绿色食品发展中心 A 级认证。同时灵武长枣也是宁夏享誉盛名的“原字号”“老字号”“宁字号”农产品品牌，截至 2017 年，宁夏灵武长枣种植面积约 15 万亩，其中灵武市 14.2 万亩，年产量 2 000 万公斤，带动 8 000 多户 3 万余人参与长枣种植，年产值超过亿元，灵武长枣产业已经成为当地农民致富奔小康和县域经济发展的支柱产业。

为使灵武长枣栽培获得早期产量和效益，宁夏早期研究了灵武长枣小冠疏层形密植栽培技术并大面积推广，在盛果初期取得良好效益，但随着树龄增长，尤其是 10 年生以上密植枣树出现了主枝基部光秃、主枝角度过小、结果部位外移及上移等现象，导致枣园郁闭，通风透光条件恶化，产量和质量不高，不便于田间作业和鲜果采摘，整体经济效益下降。为提高枣果品质，方便人工采摘和田间机械作业，简化修剪技术，宁夏回族自治区林业和草原局林果专家张国庆带领专家团队边研究边示范边推广，针对灵武长枣主枝易更新、枣头生长迅速等生物学特点，总结出了以纺锤形树形整形修剪为核心，集成配套“省工简化”修剪和栽培、营养诊断施肥、病虫害生物防治、节水灌溉、生态果园管理等关键技术，适合鲜食品种灵武长枣的现代栽培技术体系，即灵武长枣自由纺锤形整形修剪及优质丰产栽培技术，2015 年被鉴定为宁夏回族自治区科技成果。笔者对其关键技术进行整理，编辑成书，奉献给广大读者。

本书对灵武长枣生态学特性、枣树纺锤形栽培技术研究现状及整形修剪中存在的问题、枣园规划及建园、幼树自由纺锤形树形培养及修剪技术、成龄枣树改良纺锤形树形改造及修剪技术、花果管理技术、土肥水综合管理、病虫害监测防控、提高灵武长枣品质的主要措施等内容进行了详细的介绍，图文并茂，方便广大科技工作者和果农阅读，使之掌握灵武长枣自由纺锤形优质丰产现代栽培技术。

本书结合笔者及专家团队多年生产一线的实践经验，根据灵武长枣现代栽培中的实际需求，力求介绍生产中最实用的技术，帮助枣农解决生产中遇到的实际问题，内容简单明了，通俗易懂。

本书在编写过程中参阅了一些专家、学者的有关书刊资料，在此表示真诚的谢意。

由于水平有限，书中难免存在疏漏之处，敬请广大读者批评指正。

目录

Contents

第一章　灵武长枣生态学特征

第一节　品种介绍

一、灵武长枣

灵武长枣为优良鲜食品种，在宁夏有 800 多年的栽培历史，现存枣树最大树龄 170 年。

灵武长枣是宁夏的乡土经济林树种，栽培历史悠久，是经过长期自然选择在引黄灌区保留下来的优质鲜食品种，因其有个大脆甜、色泽艳丽、汁液丰富等优点，深受消费者青睐，鲜果获国家地理标志产品保护。同时，灵武长枣也是宁夏享誉盛名的“原字号”“老字号”“宁字号”农产品品牌，地域性强。灵武长枣原产灵武市，只有在灵武市及周边引黄老灌区栽培，才能保证鲜枣的品质和性状，在其他区域种植，品质有明显变化，商品性不高。因此就栽培而言，灵武长枣地域性极强，其他地方种植的灵武长枣品质差，多水则鲜枣口感寡淡，缺水则鲜枣柴化。因此灵武长枣只能土生土长在灵武市及周边同类地区，成为灵武市独一无二的特色产业。灵武长枣栽培技术相对简单，自然生长即可开花结实而形成产量，不需株株开甲或主枝环割。

灵武长枣果实长卵圆柱形或长椭圆柱形略扁，果个较大，平均单果重 14 g，最大单果重 40 g。果皮紫红色，果点红褐色不明显，果顶稍凸或凹入，柱头残存，果梗长 0.3 ～ 0.6 cm，果皮薄，果肉绿白色，肉质细脆，汁液中等，酸甜适口，含水量 67%，可溶性固形物 30.5%，总糖 27.12%，酸 0.42%，维生素 C 628 mg/100 g，蛋白质 2.5%，脂肪 0.3%，含锌（1.4 mg/kg）、铁（3.31 mg/kg）及钙、磷等矿物质，可食率 95%。果核细长，纺锤形，核重 0.7 g，核面较粗糙，沟纹明显，无种仁。制干率 5% ～ 40%。果实不耐贮，常温下保鲜期 7 ～ 15 d，恒温冷库保鲜期 1 ～ 2 个月。果实纵径 3 ～ 5 cm，其中，幼龄树，4 cm ≥纵径≥ 3 cm 的占 38%，5 cm ≥纵径≥ 4 cm 的占 52%，6 cm ≥纵径≥ 5 cm 的占 10%，纵径≥ 6 cm 者极少；20 年生树，4 cm ≥纵径≥ 3 cm 的占 81%，5 cm ≥纵径≥ 4 cm 的占 19%。

灵武长枣树势强健，树形直立，发枝力强，易萌发枣头，顶端优势明显。成龄树主干灰白色，皮部呈纵裂，可剥落。多年生枝浅灰褐色，一年生枝红褐色，皮目较小，圆形，密而明显，有较硬的针刺。枣头当年生长量 20 ～ 151 cm，可抽生 5 ～ 10 个二次枝；二次枝长 18 ～ 44 cm，二次枝上可着生 3 ～ 9 个枣股；每个枣股抽生 2 ～ 8 个枣吊，枣吊长 13 ～ 22 cm，着生 12 ～ 17 片叶，叶长卵圆形，深绿色，叶缘锯齿浅、钝。叶柄长 0.75 cm，叶片长 7.4 cm、宽 3.2 cm。一般每个枣吊着生花 30 ～ 50 朵，花期为 50 ～ 80 d。灵武长枣抽生木质化枣吊的能力很强，木质化枣吊长 33.3 ～ 38.3 cm，基部粗 0.47 ～ 0.52 cm，枝均坐果 4.6 ～ 12.5 个，最多 24 个。枣吊的每个叶腋间均可着生 1 个花序，每个花序有 6 朵花，以第 5~8 片叶坐果最多，花径 0.65 ～ 0.7 cm，花药淡黄色，蜜盘 0.33 cm，柱头二裂，白昼裂蕾开花，每个枣吊可结果 1 ～ 5 个，果实发育期 90 ～ 100 d。花期长、花量大，奠定了灵武长枣丰产稳产的基础。

灵武长枣定植当年，地上部分枝芽的生长先于根系，一般4月下旬定植，5月上中旬萌芽，6月上旬开始萌发新根。自定植第二年起，通常是根系先开始生长，然后地上芽体萌动。

矮化密植园3年生酸枣嫁接树的干径达5.4 cm，树高257.5 cm，冠幅190 cm×230 cm，3年生示范园株产最高8.5 kg，亩产最高289.2 kg。4年生酸枣嫁接树的干径达6.9 cm，树高265 cm，冠幅203 cm×243 cm。4年生精品园株产最高18.7 kg，亩产最高800 kg。20年生成龄树株产72 kg；百年生大树株产50 ~ 60 kg。140年生树，树高16 ~ 17 m，干周2.2 m。

灵武长枣4月下旬萌芽，5月上旬新梢开始生长，6月上旬为一个小高峰，7月中下旬为生长最旺盛阶段，8月上中旬即停止生长；5月下旬至6月上旬始花，6月中旬进入盛花期，花期为6月上旬至9月底，果实生长发育需要90 d左右。6月中下旬盛花期内开放的花朵质量较高，是坐果的最佳时机，6月中下旬之前所坐的果实才有可能成熟上市。

灵武长枣抗寒性、抗旱性强，适应性广，适合在宁夏引（扬）黄灌区、土地肥沃的地区及与该地区生态、立地条件相似的地域栽植。沙质土壤最适栽植。灵武长枣也可栽植于房前屋后。灵武长枣是鲜食品种，粗放管理条件下自然坐果率低，要加强综合管理，以提高坐果率。鲜果要贮藏保鲜。

二、灵武长枣选育

20世纪50年代，宁夏果树专家开始了灵武长枣的选育工作，经过多年的努力，共选育出2个灵武长枣优良品种，即2005年和2013年分别审定的灵武长枣 *Zizyphus jujuba* Mill. cv.“Lingwuchangzao”和灵武长枣2号 *Zizyphus jujuba* Mill. cv.“Lingwuchangzao-2”，目前已在宁夏适宜栽培区域大面积推广，总面积约15万亩，取得了显著的经济、社会和生态效益。

（一）灵武长枣

灵武长枣（*Zizyphus jujuba* Mill. cv.“Lingwuchangzao”）为宁夏林木品种审定委员会 2005 年审定通过的枣树优良品种，良种编号为宁 S-SV-ZJ-003-2005，选育单位为宁夏农林科学院和宁夏灵武市林业局。

品种选育：灵武长枣别名马牙枣，产于宁夏灵武，栽培历史始于 18 世纪。宁夏农林科学院和灵武市林业局的林业科技工作者对灵武长枣进行了优树选择工作，选育出了果个较大、大小较整齐、果色紫红色、肉质细脆、汁液较多、味甜微酸、品质上等的灵武长枣。从 1956 年开始，在宁夏灵武园艺试验场开始灵武长枣选优试验，并在灵武市东塔镇、临河镇、郝家桥镇进行试验观察。1990 年，在银川市、灵武市、青铜峡市、利通区开始区域试验与品比试验，同时在灵武市进行苗木繁育。区域试验点主要采用试验品种统计数量化综合评价和 5 项优良性状指标综合分析，调查树体生长量、自交结实率、产量、可溶性固形物、含糖量、酸度、维生素、果实可食率等指标。灵武长枣综合指数位居鲜食枣评价榜榜首，鲜食最优。

品种特性：鼠李科（Rhamnaceae）枣属（*Ziziphus* Mill.）落叶乔木。果实长圆柱形略扁，果个较大，平均单果重 15 g 左右，大小较整齐，果色紫红色（成熟好的优质果，果皮上有片状小黑斑），果肉白绿色，肉质细脆，汁液较多，味甜微酸，品质上等；鲜枣含可溶性固形物 31%、水分 67.21%、总糖 25.33%、总酸 0.41%、维生素 C 693 mg/100 g。经济性状：成龄枣树亩产鲜果 500 ~ 700 kg，果实商品性状优良。果实成熟期在 9 月下旬至 10 月上旬。果个大，长椭圆形或圆柱形，平均单果重 14.5 ~ 24 g，最重达 40 g，纵径 4.34 ~ 4.8 cm，横径 2.57 ~ 3.36 cm，大小较整齐。灵武长枣可食率 94% 左右，营养丰富，有益于人体健康，用鲜枣

制成酒枣，味香甜独特。灵武长枣含有大量维生素 B，有保持毛细血管畅通、防止血管壁脆性增强的功能，对高血压、动脉粥样硬化等病症有疗效。

图 1-1 灵武长枣果实

图 1-2 灵武长枣结果枝

图 1-3 灵武长枣树体

图 1-4　灵武长枣设施栽培

（二）灵武长枣 2 号

灵武长枣 2 号（*Zizyphus jujuba* Mill. cv. “Lingwuchang zao-2”）为宁夏林木品种审定委员会 2013 年审定通过的枣树优良品种，良种编号为宁 S-SC-ZJ-001-2013，选育单位为宁夏灵武市成园苗木花卉有限公司、宁夏农林科学院、宁夏灵武市林业局和宁夏灵武市科技局。

品种选育：2001—2002 年，选育单位进行资源调查，确定磁窑堡镇（现宁东镇）马跑泉村黎家新庄黎成家 80 年生枣树为母株，并确定灵武市临河镇二道沟村李宝家 8 年生枣园中的几株枣树来源于母株。2003 年，采集接穗、进行嫁接苗和根蘖苗苗木繁育。2005—2013 年，在灵武市临河镇二道沟村、大泉林场、白芨滩防沙林场、灵武马场湖东塔镇、灵武狼皮子梁乡等地进行区域造林试验 66.7 hm^2，通过试验观察发现，母树、盛果期树和幼树的各种性状表现一致，果形大，遗传性状稳定。2010 年经过 DNA 鉴定，灵武长枣 2 号和 1 号（灵武长枣）亲缘关系较远，是两个不同的品种。

品种特性：鼠李科（Rhamnaceae）枣属（*Ziziphus* Mill.）落叶乔木。树冠高大，树形较直立，主干灰色，树皮粗厚、条块状裂、不易剥离。枣头枝红褐色，皮孔较密，多椭圆形或圆形。针刺长 2.8 ~ 4.6 cm，不易脱落。在植物形态学、物候期、适生性及抗逆性等方面与灵武长枣差异明显。二次枝呈“之”字形生长，枣股圆锥形，枣刺分布在枣头枝每节基部，枣股两侧、二次枝每节两侧有一对直刺和勾刺。叶片中大，长卵圆形，有光泽，叶色深绿，主叶脉明显，侧叶脉不明显。枣头枝生长量较大，当年生枣头长 50 cm，发二次枝 12 个，二次枝间距 2.8 ~ 4 cm。定植后第三年，幼树干周 10 cm，树高 210 cm，中心干枣头长 75 cm，主枝枣头长 58 ~ 66 cm，有二次枝 10 ~ 13 个，二次枝长 22 ~ 38 cm，节位 6 ~ 9 个，每节枣股发枣吊 1 ~ 3 个，每枣吊着叶 10 片左右，坐果 1 ~ 3 个，多者达 8 个，单株结果 1.1 kg。8 年生的根蘖苗树，当年生枣头枝长 60 ~ 80 cm，能发 9 个二次枝，每枝着生枣股 4 ~ 7 个，每枣股能发枣吊 1 ~ 4 个，枣吊长 11 ~ 20 cm，坐果 1 ~ 4 个，平均株产 40 kg。果实顶部凹陷（头蓬果）或微凸（二、三蓬果），果肩圆平，梗洼较深，果梗长 0.45 cm。果皮紫红色、较艳、有光泽。果肉淡绿色，肉质细脆，汁液较多，果核长纺锤形，长约 2.5 cm，宽约 0.7 cm，核内无仁。成熟期早，幼树耐低温冻害。4 月下旬萌芽，5 月上旬展叶，枣头开始生长，6 月上旬开花，花期可延长到 7 月下旬，6 月上中旬开始坐果，9 月上中旬开始着色，9 月下旬全红。果实发育期 90 ~ 95 d。经济性状：果实长椭圆形（略扁），果个大，平均单果重 21 g 左右（头蓬果），最大果重 40 g，株产约 15 kg，亩产约 1 245 kg，纵径约 5.05 cm、横径约 3.1 cm、侧径约 2.6 cm，果个均匀。鲜枣含可溶性固形物 26%、总糖 24.3%、总酸 0.44%、水分 73.58%、维生素 C 380.4 mg/100 g，果肉硬度 14.05 kg/cm^2，味甜微酸，可食率 95% 左右，品质上等。

图 1-5　灵武长枣 2 号树体

图 1-6　灵武长枣 2 号结果枝

第二节　生物学特性

一、枣树的根系

枣树的根系分为实生根系和茎生根系两种类型。由种子萌生的根系为实生根系；由分株、扦插枝萌生的根系属茎生根系。根系由水平根、垂直根、侧根（繁殖根）和须根（吸收根）组成，水平根和垂直根构成根系的骨架。粗 2 ~ 10 mm 的根宜萌生根蘖。

枣树根系的分布与树龄、栽培方式和土壤类型有关，一般在 15 ~ 40 cm 土层内分布最多，约占总根量的 75%。树冠下为根系的集中分布区，约占总根量的 70%。

二、枣树的芽

枣树的芽有四种，即主芽、副芽、隐芽和不定芽。

图 1-7　根蘖繁殖的成龄树根系（茎生根系）

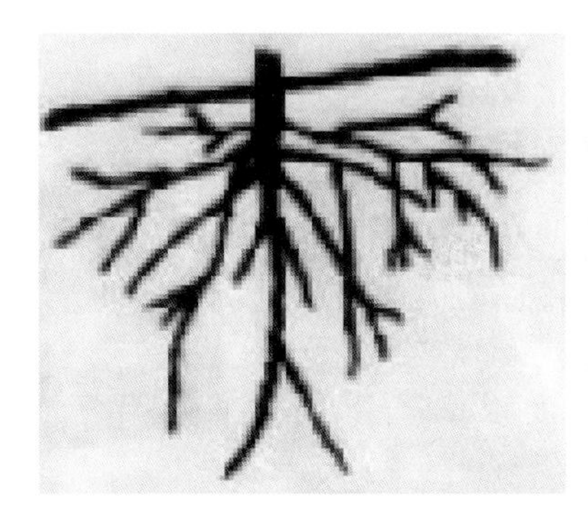

图 1-8　酸枣苗根系（实生根系）

图 1-9　酸枣嫁接苗木定植一年的根系

（一）主芽

主芽又称正芽或冬芽，外被鳞片裹住，一般当年不萌发。主芽着生在一次枝与枣股的顶端和二次枝基部，主芽萌发可形成枣头。

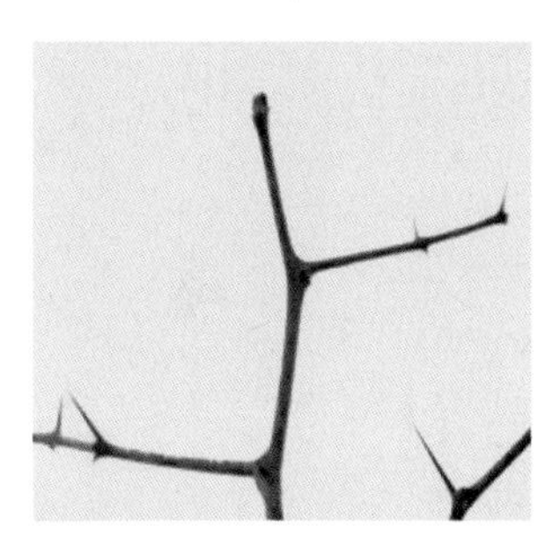

图 1-10　一年生枣头顶端形成的主芽

图 1-11　枣头顶芽形成的主芽

图 1-12　枣头与二次枝结合部的主芽

图 1-13　2 年生二次枝上的主芽

图 1-14　枣股顶芽发芽

（二）副芽

副芽又称夏芽或裸芽。副芽为早熟性芽，当年萌发，形成脱落性枣吊和永久性二次枝，枣吊叶腋间副芽形成花。

图 1-15　新发枣头上副芽形成二次枝

图 1-16　枣吊叶腋间副芽形成花

（三）隐芽

主芽潜伏多年不萌发，称隐芽或休眠芽。这种芽大多是暂不萌发的主芽，如枣股和发育枝上的主芽，大多潜伏成隐芽。

（四）不定芽

不定芽是发芽没有一定的时间和部位，多出现在主干、主干基部和机械伤口处，萌发后，可形成枣头。

三、枣树的枝

（一）枣头

枣头是当年萌发的皮发红的枝条，又叫发育枝或营养枝，由主芽萌发而成。枣头由一次枝和二次枝构成。一次枝具有很强的加粗生长能力，因此能构成树冠的中心干、主枝和侧枝等骨架。二次枝即枣头中上部长成的永久性枝条。枝形曲折，呈“之”字形向前延伸，是着生枣股的主要枝条，又称结果基枝。

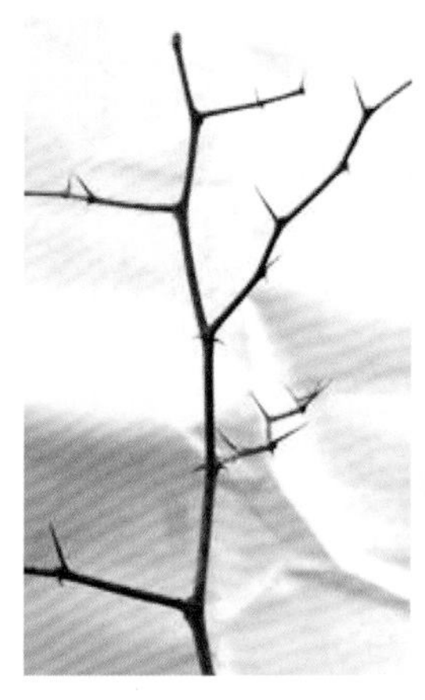

图 1-17　枣头
（一次枝和二次枝）

图 1-18　隐芽萌发枣头

图 1-19　刻芽后隐芽萌发枣头

图 1-20　重回缩主枝基部萌发枣头

图 1-21　主干隐芽直接萌发形成枣头

（二）枣股

枣股即结果母枝，是由枣头和二次枝上的主芽萌发形成的短缩枝。枣股每年生长量很小，仅 1 ~ 3 mm，而副芽每年抽生枣吊，一般每枣股抽生 2~5 个枣吊，但寿命很长，一般可达一二十年。结果年龄最佳为 3~8 年。

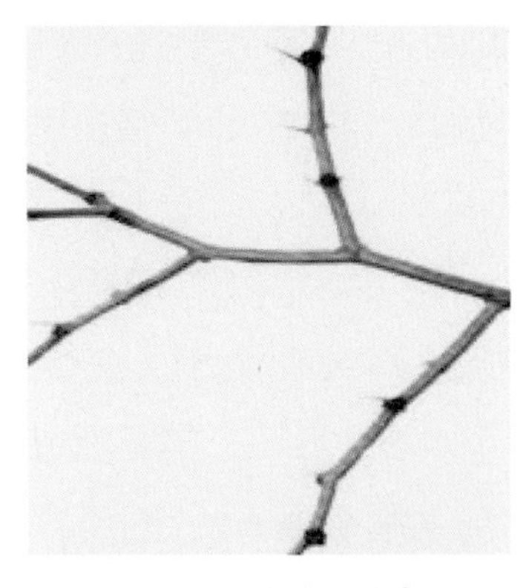

图 1-22 二次枝上的枣股

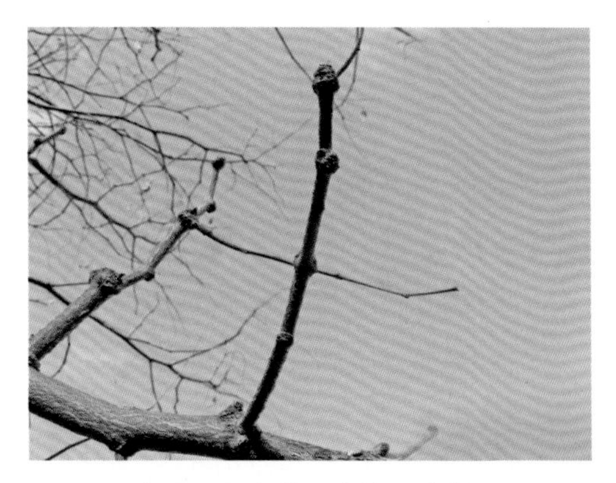

图 1-23 冬季二次枝上的枣股

图 1-24 着生枣吊的枣股

（三）枣吊

枣吊也称结果枝，由枣股上的副芽萌发而成。每枣股可萌发枣吊 2~8 个或更多，枣头基部和当年生二次枝的每一节也能抽生 1 个。枣吊具有开花结果和承担光合效能的双重作用，常于结果后下垂，故称枣吊；又因每年都要脱落，又称脱落性果枝，一般在秋季日均气温下降到 15℃时脱落。枣吊的长度一般为 10 ~ 30 cm，有 10 ~ 18 节。

木质化枣吊是当年抽生结果、木质化、不脱落、无刺的一种结果枝，不同于二次枝和脱落性果枝，它是矮化枣树的一种新型结果枝，基部粗壮发红，叶片大而浓绿，具有很强的结果能力，所结果实个大。木质化枣吊一般长 30 ~ 60 cm，单枝坐果多为 5 ~ 10 个，最多可达 20 ~ 37 个，结果枝可占到总果枝数的 50% ~ 70%。对 5 年以上的矮化枣树，可以通过调控木质化枣吊达到更新结果枝、获得丰产的目的。木质化枣吊的培养方法：当年新生枣头适时摘心。5 月底前摘心，则新梢枣头基部可形成 2 ~ 3 个木质化枣吊，摘心晚或不摘心，则该部位形成脱落性枣吊。当年新生枣头重摘心。对于应当抹除的新生枣头一次枝，当其长到 5 cm 左右时摘心，可形成 2 ~ 3 个健壮的木质化枣吊。在幼树成形期，可对不培养主枝或骨干枝的枣头进行摘心，培养木质化枣吊，增加早期产量。在初果期和盛果期，可利用空间，对需要抹芽的枣头和已成形主枝的枣头顶芽萌发的当年新枣头进行摘心，培养木质化枣吊，增加产量，提高品质。

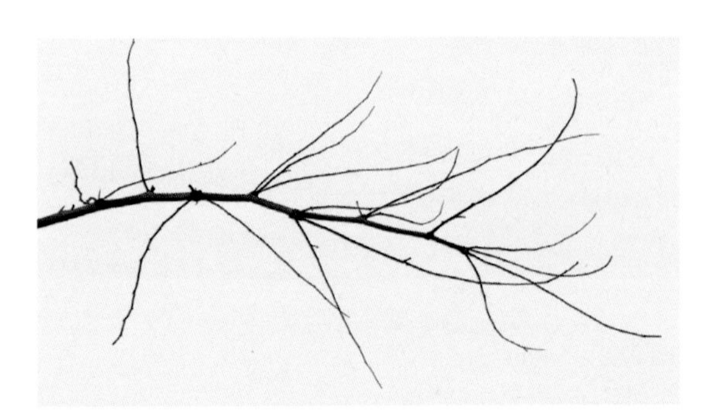

图 1–25　枣吊

图 1–26　木质化枣吊

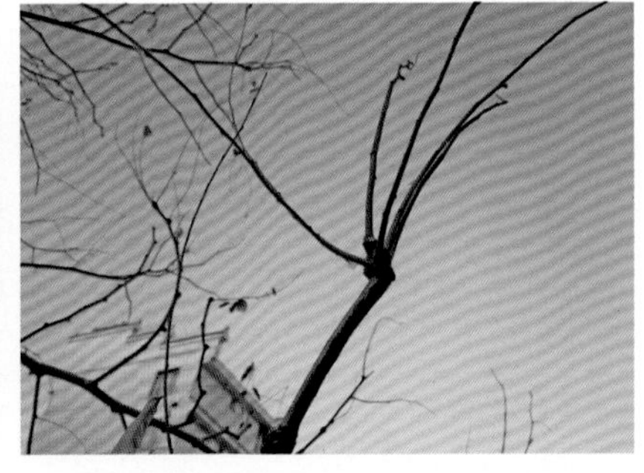

图 1–27　枣股上没有脱落的木质化枣吊

图 1-28　枣头重摘心培养木质化枣吊

图 1-29　对枣头重摘心促使下部枣吊木质化

图 1-30　枣股上抽生的枣头和枣吊

图 1-31　枣吊生长情况

图 1-32　着生在枣股上的枣吊

图 1-33　木质化枣吊结果成熟情况

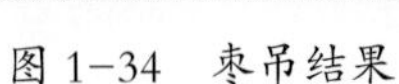

图 1-34　枣吊结果

图 1-35　木质化枣吊结果

图 1-36　枣吊上的枣果

四、枣树的花和果

枣树属两性完全花类型，由雄蕊、雌蕊、花盘、花瓣、花萼、花托、花柄等7部分构成。每个枣吊着生花30 ~ 50朵，4 ~ 6节开花最多，花期为35 d左右。

图 1-37　枣花

图 1-38　枣吊上着生的枣花

枣花授粉受精后果实开始发育，由于花期长、坐果期不一致，果实生长期长短也不相同，但果实停止生长时间差不多。

图 1-39　枣树幼果

图 1-40　枣吊上着生的枣果

图 1-41　枣果膨大

图 1-42　成熟的灵武长枣枣果

图 1-43　灵武长枣枣吊上的枣果

五、枣树树体结构和名称

（一）主干

主干是指地面至第一层主枝之间的树干部分。主干高度（简称干高）对树体结构影响较大。高干，根与树冠之间距离大，树冠成形慢，体积小；矮干，根与树冠之间距离小，树冠形成快，体积大，树势强健，干周增长快。

中央领导干（中心干）：有中心干的树形可使主枝和中心干结合牢固，且主枝可分上下两层，因此，有利于立体结果和提高光能利用率。

图 1-44　强壮的中央领导干

图 1-45　生长季强壮的中央领导干

图 1-46　生长期纺锤形树体结构

（二）骨干枝

骨干枝即主枝，骨干枝构成树冠的骨架，担负着树冠扩大、水和养分运输、增加果实重量的任务。因为它不直接生产果实，属于非生产性枝条，所以原则上在能充分占领空间的条件下，骨干枝越少越好，可避免养分过多地消耗在培养骨干枝上。纺锤形枣树的骨干枝由一次性培养的健壮枣头形成，不留永久性骨干枝，5 年后更新，也可称主枝。

主枝角度：指主枝与中心干的分支角度，对树体骨架的坚固性、结果早晚、产量高低和品质影响很大，是整形的关键条件之一。角度偏小，树形直立，树冠郁闭，光照不良，容易造成上强下弱，花芽形成少，易落果，早期产量低，后期树冠下部易光秃，影响产量和品质，结合部位易劈裂。灵武长枣纺锤形树形要求主枝基角 50° ~ 90° ，腰角 90° ，梢角 70° ~ 80° 。

图 1-47　灵武长枣的主枝（骨干枝）

（三）侧枝

直接着生在主枝上的枝或枝组叫侧枝，灵武长枣自由纺锤形主枝上的侧枝不分级，只保留主枝上的二次枝做侧枝。

（四）结果枝组

结果枝组即枣股，上面着生枣吊，一般 3 ~ 8 年结果能力强，以后逐渐衰弱。

图 1-48　灵武长枣的结果枝组（枣股）

第二章 枣树纺锤形栽培技术研究现状及整形修剪中存在的问题

第一节 枣树纺锤形栽培技术研究现状

枣树是喜光树种，丰产树形应具备骨干枝较少、层次分明、内膛通风透光良好等特点。传统的枣树树体结构有疏散分层形、小冠疏层形、开心形、自由圆锥形、自由纺锤形、单轴单干形、单轴形等。

纺锤形的树体结构在枣树上应用较多，甘肃省林业科学技术推广总站杨斌在2010年做了枣树窄纺锤形修剪试验，表明在甘肃枣树选用窄纺锤形早期产量高、树体小、生产的枣品质好；窄纺锤形枣树栽植密度比自然圆头形枣树高50%，木质化枣吊的数量比自然圆头形枣树高15%～30%；定植后第1～5年单位面积累计产量比自然圆头形枣树高22.5%，产值比自然圆头形枣树高27.7%。山东省沂水县许家湖镇果树站赵秀田在1997年提出枣树自由纺锤形整形技术。自由纺锤形枣树，主干高50 cm左右，在中央领导干上均匀着生8～10个主枝，主枝呈水平延伸，其上直接着生结果枝组，主枝间距30～40 cm，长度由下而上逐渐变短；树高一般3 m。河南省内黄县农业局张希清1999年提出密植枣树自由纺锤形整形技术。枣树生长旺盛、顶端优势强，新梢具有二次分枝能力，是一个适合自

由纺锤形整形的树种。1995年他们进行了自由纺锤形枣树整形修剪试验，栽植密度3 m×2 m，亩栽110株。栽后第二年单株结果3～5 kg，第三年株产鲜枣10～15 kg。自由纺锤形枣树整形与常规粗放整形管理相比具有结果早、前期产量高、质量好等优势。冯东旭2017年在《冬枣树的修剪措施和树形培养》中提出冬枣树自由纺锤形整形修剪要求干高 50 cm，冠高一般 2.2 m，最高不超过 2.5 m，达到低干矮冠的目的；最好在树干 50 cm处选留一两个较小营养枝，作为甲口下的选留营养枝；该树形适合 3 m×5 m 株行距的枣园；主枝一般要求 5~8 个，沿主干向上螺旋式交错排列、均匀着生，主枝长度 1.5~2 m，每个主枝上配备 2~3个侧枝，主枝基角 70°～ 80° 。谭淑玲等人2019年发表了《黄河淤北区枣树新品种纺锤形整形栽培技术》，针对枣树新品种仲秋红、泉城1号、泉城2号提出了纺锤形整形修剪技术，要求干高 50~80 cm，树高2.5~3 m，一个强壮中心干上均匀着生8~12个主枝，主枝上不着生侧枝，直接着生结果枝组，相邻主枝间距20~40 cm，主枝基角80°～90° 。

纺锤形树形在苹果、桃、梨、樱桃上应用也比较多。孙昂等在2018年发表的《“双矮”苹果树高纺锤形整形及栽培技术》中提到苹果短枝型品种和矮化砧的双重矮化的密植栽培，主枝选用高纺锤形树形，树高3.3～3.5 m，干高0.6 m，中心干直立健壮，中心干与主枝粗度比为5：1～6：1，分布28～30个主枝；主枝无层间，插空排列，螺旋上升，主枝角度90° ～110° ，主枝长1～1.5 m，株间不交接，下垂立体结果。崔娟子等人2019年发表了《不同树龄矮化苹果树高纺锤形整形修剪》，专门针对不同树龄的苹果树高纺锤形修剪存在的问题提出了对策建议。河北省农林科学院的郝婕等人在《富士苹果自由纺锤形树体结构及相关因素分析》中分析了自由纺锤形整形修剪模式下富士苹果树体结构及各因素间的相关性，认为自由纺锤形短枝富士天红二号的尖削度与主枝轴各因素均为负相关，而自由纺锤形长枝富士的尖削度与各因素均为正相关。河北省涉县自然资源和规划局的崔怀仙在2019年提出了核桃纺锤形整形修剪技术要点，要求树高 3.5~4.5 m，干高 0.8~1 m，一个强壮中心干上均匀着生、螺旋状排列长势均衡的 20~30 个跑单条的细长结果枝组，间距 15~20 cm，主枝角度为90° 左右，上部主枝角度可略小，下部主枝角度可略大；主枝长度为 1~2 m，枝干比≤1∶3，上部主枝长度小，下部主枝长度大，主干上着生结果枝组，不留大中型结果枝组，形成下大上小的纺锤形。王明芳2018年发表了《苹果高纺锤形整形修剪中存在的问题及解决办法》，阐述了苹果在应用高纺锤形整形修剪技术中存在的问题是苗木太弱、定干太低、主枝粗大、中心干太细、开角小、留主枝太稀、疏枝太轻、更新太迟等。2017年《果农之友》刊登题为《樱桃整形修剪的两种主要树形——自由纺锤形、细长纺锤形》的文章，该文章提出了樱桃自由纺锤形和细长纺锤形的树形结构及参数，并归纳了两种树形整形修剪的关键技术。

改良纺锤形树体结构在苹果、巴旦杏、甜樱桃、木瓜上早有研究，但枣树方面还没有研究和报道。山东省惠民县林业局陈宏 1993 年总结了短枝富士苹果改良纺锤形的整形技术。1997 年山东农业大学潘增光做了苹果改良纺锤形整改程度对枝类构成及坐果率影响的研究。宁夏农林科学院种质资源研究所王春良在 1998 年针对苹果疏散分层形树形出现的果园适龄不结果或低产、通风透光不良、果品质量下降等问题，提出了苹果树疏散分层形变为改良纺锤形的原则和方法。2002 年，宁夏农林科学院王劲松对宁夏苹果树改良纺锤形整形修剪技术进行了再次阐述。申超等人于 2017 年在《山西果树》发表《红富士苹果改良纺锤形结果枝组的培养及更新技术》一文，总结出了适合红富士苹果改良纺锤形树形的枝组培养、配置、更新和调整等

修剪技术。同时，在杏树和甜樱桃树方面也有少量关于改良纺锤形树形的报道。

树相是指树体生长发育与开花结果的外部相貌。用树体生长与结果的形态指标来表示树形，称为果树的树相指标。对枣树树体多项生长结果指标进行系统的调查与分析，旨在提出枣园树相指标的标准范围，为田间树体管理提供量化的树相指标，为枣树高效规范化管理提供理论参数，从而指导田间生产管理。近年来，国内许多专家对枣、芒果、葡萄、苹果、板栗、猕猴桃、桃、橙等多种果树树相指标进行了研究，并提出不同树种相应的树体结构参数，指导果农生产，做出了突出的贡献。一些学者结合环境条件的影响导致的树相指标变化，对山东、陕西以及河北等地区的果园树体结构进行了调查，提出了适合当地自然条件的树体结构参数。河北省石家庄果树研究所李茂昌在 1965 年做了枣树树体结构调查，得出生长势强、树冠高大、主干矮、基枝多、基枝角度大是枣树丰产树形的基础。丰产树的树体结构必须具备 3 项指标：各类枝系共达 100 个以上，二次枝不少于 500 个，枣头 50 个左右。生长正常的成龄树，表明生产潜力很大、叶片同化力极强的指标有：枣股 1 600 ~ 2 600 个，枣吊 5 500 ~ 7 000 个，叶片 45 000 个左右，平均每个二次枝结果 3 ~ 4 个，每个枣股结果不到一个或略多一点。吴优赛（义乌市农业局）在 1989 年对义乌大枣幼树树体结构与负载量的相关性进行了研究，结果表明 3 年生枣树单产要超过 3 kg，干粗在 3 cm 以上，枣头总生长量在 500 cm 以上，树冠体积在 1.2 m^3 以上；4 年生枣树单产要超过 4.25 kg，干粗在 4 cm 以上，枣头总生长量在 800 cm 以上，树冠体积在 2.4 m^3 以上。杨馥霞 2013 年发表了《梨省力高效栽培模式树相指标研究》，对省力高效栽培模式下梨树干高、干径、树高、东西枝展及枝量与枝类组成等指标进行调查分析，提出合理的树形选择及与之对应的树相指标是果树丰产的前提条件。

果园生草具有保持水土并提高土壤肥力、改善土壤物理结构、优化果园生态环境、促进果树生长、减少病虫害、提高果品的产量与质量等优点。国外对果园生草制研究比较早，而我国生草栽培起步较晚，20 世纪 80 年代以后，一些科研部门开展果园生草制的试验研究，并取得明显效果，但枣园生草制的试验研究报道仅有两篇，灵武长枣枣园生草制的报道没有。2010 年范玉贞研究了枣园生草对土壤养分及枣树生理的影响。枣园生草增加了土壤养分，夏季高温期间能减少阳光辐射，降低地温及气温；干旱季节增加空气与土壤的湿度，从而改善枣园的小气候，增加枣园生物多样性并减少病虫害。叶片与枝梢等营养生长加快，叶面积及叶绿素含量增加，光合速率提高，光合作用产物的数量增多，为枣果的丰产优质奠定了基础。与 CK 相比，生草区的婆枣单果重增加了 5.86%， 产量提高了 12.62%，优质果率提高了 15.73%。2010 年佳县农技站曹书雄进行了枣园土壤生草制管理试验示范研究。枣园生草栽培，可增加土壤有机质和养分，促进团粒结构的形成，防止土壤侵蚀和地面径流，促进枣树生长，提高产量和品质，节省劳动力和降低成本。

西北农林科技大学葡萄酒学院惠竹梅 2003 年综述葡萄园生草制的研究进展。西南农业大学园艺园林学院马国辉 2005 年在果园生草制研究进展中提到中国于 20 世纪 90 年代引进果园生草技术，在福建、广东、山东等地推广应用。三门峡市农业科学研究所高九思 2004 年就苹果园生草利弊进行浅析并提出应对策略。山东泰安市林业科学研究所侯立群 1990 年进行了苹果低产园树盘覆盖效应试验，表明山地果园树盘覆盖是旱栽保水培肥的一项有效措施。在果树树冠下或全园地面覆以作物秸秆、杂草和地膜等覆盖物，达到保墒、调温、培肥、除草和防虫的作用，实现壮树高产优质的栽培目的。山东农业大学园艺科学与工程学院、作物生物学国家重点实

验室王艳廷 2013 年研究了自然生草对黄河三角洲梨园土壤物理性状及微生物多样性的影响，以自然生草 4 年、6 年和 9 年的黄金梨梨园耕作层土壤为试验对象，以清耕为对照，发现自然生草优化了耕作层土壤物理性状，增加了微生物碳、氮含量，其中细菌主要增加的是未培养菌类；持续多年自然生草，有利于参试梨园土壤微生物活性、活跃微生物量及磷脂脂肪酸总量的提高，并对微生物均衡利用类碳源作用明显。陕西省大荔县老科技工作者协会郑发来 2013 年写了果园自然生草覆盖效果的调查与建议。

枣桃小食心虫的研究比较多，主要从其为害特点、发生规律、防治措施等方面进行研究。防治措施有生物措施、化学措施、物理措施等，每年都要进行至少 3 次防治。灵武市农林科技开发中心李占文等人研究了宁夏灵武枣区枣桃小食心虫发生规律与气候的相关

图 2-1　灵武长枣纺锤形树体结果状

性，提出不同时间枣桃小食心虫发生和温度、湿度的关系，提出每次高峰期后 1 周内为树上防治最佳时期。但至今还没有报道过枣桃小食心虫集中化蛹、羽化防治的研究。

总之，从查阅到的 2019 年以前的文献资料来看，目前尚未见灵武长枣自由纺锤形树形的报道和改造枣树改良纺锤形树形的报道，也未见枣树幼树单轴延伸主枝培养方式和成龄树单枝更新方法的报道。枣树丰产园树相指标有研究但很少，也未见灵武长枣丰产园树相指标的报道。

第二节　灵武长枣纺锤形整形修剪存在的问题

灵武长枣矮化密植栽培采用自由纺锤形和改良纺锤形树形易管理、早丰产、效益高，是当前灵武长枣主要树形，但在生产实际中，部分果农不懂要领，采用矮化密植栽培模式，走传统整形修剪老路，严重影响正常生产和效益提升。笔者将多年来在灵武长枣自由纺锤形和改良纺锤形目标树形培养方面，不同树龄存在的普遍性问题及解决办法总结如下。

一、中、幼龄灵武长枣自由纺锤形整形修剪存在的问题

（一）主干不挺，尖削度大

主干不挺、尖削度大影响到园貌整齐度、成龄期负载量、土地和空间有效利用率。解决办法：除立支架和主干扶持支撑外，及时疏除影响中央领导干正常生长的主枝也是必不可少的措施。

（二）层性、极性明显，光秃带多

部分枣园，尤其是树势较强健的枣园，这种现象居多，中央领导干中间部位枝密而上、下部光秃，或上部或下部枝密而其余部分光秃，或枝组集中分层着生在中央领导干，以中央领导干中间部分光秃居多，形成原因主要是树体徒长，疏枝和刻芽不到位，致使营

养分配失衡。对一些中间部位光秃的幼树从光秃部位以上冬剪回缩有较好的促枝效果。在肥水充分供应的前提下，结合疏枝、刻芽，当年就可解决光秃现象。

（三）轮生枝、对生枝较多，会削弱主干生长

果农惜枝思想根深蒂固，往往不忍疏枝，最后导致轮生枝、对生枝较多，抑制了主干上部正常生长。往往这些对生枝、轮生枝长势旺盛，甚至和中央领导干处于同龄期，长势可能还会超过中央领导干，对主干抑制作用更加明显。对生枝、轮生枝的最大危害就是出现“卡脖”现象，削弱中央领导干长势，使中央领导干不直挺，上细下粗，细化比例加大，影响到正常生长、树形培养和负载量。解决办法是分时段逐步疏除，重新培养主枝，进一步拉大级差。

（四）不重视拉枝

幼树期不重视拉枝，整株树抱头生长。标准的目标树形，主要依靠拉枝形成。拉枝过程中存在的主要问题：一是做不到及时拉枝，等意识到的时候，大部分主枝由于长得过于粗长而失去了拉枝利用的价值和意义，只有疏除后重新培养或拉下垂做辅养枝利用后再疏除；二是拉枝角度过大，有的甚至超过 130° ，基本呈全下垂状态，对下部形成封闭，不利于下部采光和新枝培养；三是拉枝不是开基角，而是从主枝中、上部拉下垂呈“弓”形，造成顶部冒条，负载量下降。

拉枝要抓住以下几个环节：一是拉枝全年都可进行，条件符合时可随时拉枝，主枝拉枝依据主要是枝条长度，一般长度为 30 ~ 40 cm 比较适宜；二是拉枝角度以 90° 左右为宜，不能太大，对 2 年生以下幼树主枝可适当加大角度，拉枝以开基角为重点，对基部夹角小或较粗、生长势强的，可结合从基部转枝拉下去；三是拉枝要同疏枝、扭枝、揉枝等措施相结合。

（五）个体不统一，差异较大

由于日常管理、苗木质量、地形地貌等各种原因影响，管理水平中等或较差的枣园果树个体差异大，影响到园貌的整齐和整体产量的提升。欲消除或减轻单株个体之间的差异，首先要采购同年选育的， 高度、 粗度相近的优质壮苗，这是关键环节。其次，在栽苗过程中要进行苗木分级，大小相近的树苗栽植在同一区域，以便于分类管理，对于苗木生长偏弱的区域要加强肥水管理。再次，栽植前要深翻改土，施入充足的有机肥和磷肥， 在旱作区要实施滴水灌溉或简易水肥一体化管理，保证水分的适量正常供应。灌水模式的设计要与苗木定植同时进行，生产优质果没有水源或抗旱保墒措施是不切实际的。

（六）多头生长，主次不清

留枝量过多，齐头并进，抱头生长，甚至主枝生长势强于中央领导干，反而弱化了中央领导干的生长优势，致使中干不挺，东倒西歪，严重的致使树体上部中央领导干不能形成，生长势很弱。为杜绝此现象发生，开始就要对同龄主枝逐年疏除，拉大级差，再结合刻芽、疏枝、拉枝、扭枝等措施削弱主枝生长势。对已多头生长、主次不清的，要及时疏除一部分竞争性、消耗性和抑制性强的主枝，其余进行拉枝处理；对有利用改造价值的，基角拉到 90° 左右； 对徒长过旺的，下拉到 110° 以上做辅养枝，当年或第二年结合冬剪即可疏除。

二、成龄灵武长枣改良纺锤形整形修剪存在的问题

（一）部分主枝过粗过长

对于成龄树来说，枝干比应小于 1 ： 2。主枝相对直径小的前提下，数量上相对会增加，对通风透光影响小；主枝过粗，总体数量相对会减少，且对中心干及其以上部位抑制作用强，通风透光条件易恶化。基部粗度达到 2.5 ~ 3 cm 或者更粗的主枝，应全部归

为疏除对象，数量少可一次性疏除，数量多可分两三次疏除。

（二）主枝数量较多，郁闭严重

在中央领导干 3 m 左右、全株高 3 ~ 3.5 m 时，主枝数量以 10 ~ 12 个为宜。对于过多的主枝，同样视具体情况一年或分年疏除，在基部留斜桩，培养更新枝。主枝平均枝龄 5 ~ 6 年就要轮换更新，以期达到“树老枝不老，果品年年优”。

（三）主枝冗长，行间、株间交接影响正常生产

在矮化密植栽培中，以株距 2 ~ 3 m，主枝长度不超过 170 cm 为宜。对于过长的主枝，结果后分段回缩，但注意不可一次回缩幅度过大，以防返旺冒条。也可以对这部分主枝结合转枝、分道环切等技术措施控长控旺，缓势结果后再分段分时回缩。

（四）主干过低，下部果质量不高

由于前期定干过低，下部所留主枝没有及时疏除，导致结果下垂后与地面过近或接触到地面。对该类主枝，应及时一次性疏除，以抬高主干，增强下部整体通风透光性。

（五）树体过高，遮阴严重

改良纺锤形树体一般树高为 2.5 ~ 3 m，对于超出标准的，可用合适部位的主枝代替原延长头或回缩控长，同时结合扭枝、揉枝、环剥等措施抑制顶部旺长，控制树体高度，促进结果。

第三章 枣园规划及规范化建园

第一节　枣园规划

一、园址选择

灵武长枣对肥水要求严格，要实现优质高产，宜采用密植栽培方式，需要选择地势平坦、日照充足、土层深厚、地下水位低于 1.5 m、土壤 pH 8.5 以下、无盐渍化的壤土、风害少、灌排条件良好、周围无污染、交通便利的地域建园。栽植范围为灵武市及周边有灌溉条件的引（扬）黄灌区耕地或宜林地。

图 3-1　灵武长枣园灌溉条件

图 3-2 灵武长枣园枣树生长情况

二、枣园规划

以投资经营为目的的枣园，建园时土地利用规划在保证生产用地优先的前提下，要充分考虑其他基础用地，需配备 10% ~ 15% 的防护林、道路、有机肥堆肥发酵地、果品保鲜库和分级拣选车间、办公生产用房等。现代枣园规划还要充分考虑机械田间作业和节水灌溉每个可控制的节水单元面积，将之与枣园小区规划结合起来，同一小区内气候、土壤条件应当基本一致，以保证同一小区管理技术内容和效果一致性。

行向以南北行为主，行向与生产路垂直，每行长度不宜超过 200 m，行头留出 8 ~ 10 m，便于大型机械作业。

枣园防护林对改善枣园生态条件，减少风、沙、寒、旱的危害，保证果树正常生长发育和丰产优质有明显作用。主林带的走向不能

图 3-3　园区规划

与主要害风的风向垂直。宁夏地区主要害风风向为西北风向，应在枣园西边和北边栽植宽幅主林带，乔灌结合，不少于 4 行，加强防风效果，也可在与主林带垂直方向设置副林带，形成防护林网。

图 3-4　枣园新建防护林带

第二节 规范化建园

一、培肥整地

（一）大穴培肥整地

上一年秋季进行整地，按照株行距定点放线，穴深、宽各80 cm或直径和深均为80 cm。穴底施入20 cm秸秆，每亩施入2 000 ~ 3 000 kg腐熟有机肥，将表土与有机肥充分混合施至40 cm厚，最后用表土填平，心土在行间撒平，灌水沉实，至穴面与地面相平。

图3-5 按照株行距定点放线

图 3-6　腐熟有机肥准备

图 3-7　大穴培肥整地圆形穴

图 3-8　表土与有机肥混匀后回填

（二）宽行开沟培肥整地

株距小于 2 m 的枣园于上一年秋季进行整地，按照行距定点放线，沟深、宽各 80 cm。沟底施入 20 cm 秸秆，每亩施入 2 000 ~ 3 000 kg 腐熟有机肥，将表土与有机肥充分混合施至 40 cm 厚，最后用表土填平，心土在行间撒平，灌水沉实，至穴面与地面齐平。

图 3-9　宽行开沟培肥整地肥料准备

图 3-10　宽行开沟培肥整地沟底铺秸秆

图 3-11　宽行开沟培肥整地
秸秆铺设高度

图 3-12　宽行开沟培肥整地
沟底铺玉米芯

图 3-13　宽行开沟培肥整地回填至穴面与地面齐平

二、苗木要求

准备主干明显、地径≥ 2 cm、主根长度≥ 30 cm、根幅≥ 30 cm的苗木，嫁接苗、根蘖苗均可。

三、建园密度

建园密度应充分考虑枣园机械作业和方便田间管理，纺锤形栽培模式下枣园株行距宜为 3 m×4 m 或 2 m×4 m。

图 3-14 灵武长枣纺锤形栽培模式下枣园适宜株行距

四、定植保活关键技术

（一）缩短起苗和定植间隔时间

枣树以萌芽期栽植成活率最高。枣树栽植成活的关键在于保根，枣树不易成活的原因多由起苗和定植间隔时间太长及根系保护不当造成，提倡就近栽苗、边起边栽，起苗、运输、假植、发苗整个过程，一定要做好根系保湿工作。

图 3-15 起苗时保持根系完整

图 3-16 随起苗、随分级 、随假植

图 3-17　不能及时定植的苗木在低温窖内湿沙藏

（二）根系修剪及浸泡

长途运输和假植的苗木定植前一天将整个苗木根系浸泡 24 h，让根系及树体吸足水分，定植前将苗木根系进行修剪，主根留 15 ~ 20 cm 短截，其他根系全部留 5 cm 短截，然后用硫酸铜等消毒液对整株苗木进行消毒。定植时将苗木放入水桶，水面漫过根部，进行保湿发苗、定植，整个过程中不要将苗木根系暴露在阳光下。

图 3-18　定植前根系修剪

图 3-19　定植前蘸生根粉水

图 3-20 定植后及时灌定植水

（三）拉线定植

拉线定植，使枣树根茎部在一条线上，保证行向通直，以后便于机械操作。将根系已经浸泡一昼夜、根部沾生根粉溶液的苗木定植，苗木扶正踩实，栽后立即灌定植水。

图 3-21 拉线定植

（四）定植水

苗木定植后应当天灌定植水，一定要灌足灌透，保证根系土壤完全湿润。

图 3–22　定植后灌足水

（五）定干

为提高成活率，减少树体水分蒸发，防止抽干，栽后立即定干，2 年生大苗定干高度 100~110 cm，一年生苗定干高度 80~100 cm，去除主干上所有侧枝、二次枝。

（六）套袋

套袋可免除宁夏地区枣树栽后树干埋土。定干后，选用专用塑料套树袋对地上树干部分进行套袋保护，套袋上端可用订书机对折封订，也可绑扎，套袋下端必须抵达地面，用土压实，不可将根茎裸露在空气中，也可用专用塑料薄膜缠覆。萌芽后选择阴天或傍晚适时去袋。

图 3-23　定植后定干

图 3-24　定干前

图 3-25　定干后

图 3-26　定干后套袋

（七）覆膜

覆膜可保墒、提升地温，提高苗木成活率，促进生根。灌定植水后，待土皮发白时，沿树行通行覆膜，覆膜宽度 80~120 cm，或对定植穴覆膜，覆膜面积 120 cm × 120 cm。若要间作，必须留出 1.2 m 宽的树行通风带。

图 3-27　定植后定植穴覆膜

图 3-28　定植后覆膜

（八）间作

合理间作，行间可间作低矮夏收作物或西瓜、土豆等。

图 3-29　行间间作豆类

图 3-30　行间间作中药材

图 3-31　行间间作叶菜类

图 3-32　与间作物同防同治

（九）抹芽

枣头萌发后选留 1 个顶端健壮枣头，作为主干培养，为增加叶面积，选留主干剪口下方 2 ~ 3 个健壮枣头，提高枣树定植当年成活率，提高树体光合效能，待冬季修剪时连根疏除。

图 3-33　抹芽、定梢

图 3-34　夏季疏除多余枣头、定梢

（十）定植当年水肥管理

定植当年水肥管理要严格遵循前足后控的要求，前期枣园水分和氮肥要足，定植 15 ~ 20 d 后灌第二次水，以后每月灌 1 次水。6 月中下旬苗木成活后结合灌水株施尿素 50 g。7 月中旬后严格控制灌水，停止施氮肥，增加施磷钾肥。9 月对树体喷施磷酸二氢钾等增强树体抗性，确保安全越冬。

（十一）安全越冬

枣树落叶后，主干涂白，防冻、防鼠。秋季落叶后，全面清园，幼树主干配制涂白剂刷白至第一分支处。涂白剂可用生石灰 + 水 + 动物血，起到保护树干和防兔、鼠啃咬树皮作用。

图 3-35　主干涂白越冬保护

图 3-36　成龄树冬季主干涂白

第四章 幼树自由纺锤形树形培养及修剪技术

第一节　自由纺锤形树体结构及树相指标

一、自由纺锤形树相指标

干高 80~100 cm，树高 3 m，冠幅 2.2~3 m，中心干强壮、直立，其上均匀、错落着生 10~12 个主枝，单轴延伸。主枝间距 10~20 cm，基部 4 个主枝可以临近着生。下部主枝长 1.7~1.9 m，中上部主枝长 1.5~1.7 m，上小下大，外观呈纺锤形。主枝水平生长，基角 50° ~ 90° ，腰角 90° ，梢角 70° ~ 80° 。

图 4-1　自由纺锤形树体结构

图 4-2　自由纺锤形树体干高 90 cm 左右

图 4-3　自由纺锤形树体树高 3 m

二、灵武长枣丰产园树相评价指标

以 10 年生灵武长枣丰产示范技术改造试验园和常规丰产园为对比，调查分析枣树单株产量、单果重、亩产量、可溶性固形物含量等丰产性指标和树相指标，分析枣树早期丰产栽培的理论基础。灵武长枣试验园 10 年生枣树主干粗度为 10 cm，树高达 302 cm，冠幅 290 cm，干高 67 cm，干径为 5.68 cm，单株主枝数量为 11 个，主枝长度为 168 cm，主枝粗度为 2.71 cm，枝干比为 1 ∶ 2.1，主枝平均腰角为 90° ，开张角度平缓，单株二次枝数量为 171 个，二次枝平均长度为 32 cm，二次枝粗度为 0.8 cm，单株枣吊数量为 2 548 个，枣吊长 19.5 cm，每亩有效枣股数量为 93 790 个，每亩二次枝数量为 14 193 个，每亩枣吊数量为 211 484 个。单株产量达 21.3 kg，亩产量达 1 767.07 kg，平均单果重 13.3 g，枣果可溶性固形物为 28.5%，优质果率达 93.5%。试验园枣树没有特大果，果实大小均匀度较好，总体等级率高。

表 4-1　灵武长枣纺锤形树体结构对比分析

测定	干高/cm	干径/cm	树高/cm	冠幅/cm		株主枝			枝干比	主枝开张角度/°		
				东西	南北	数量/个	长度/cm	粗度/cm		基角	腰角	梢角
灵武长枣纺锤形丰产示范园	76	6.43	298	300	245	12	162	2.68	1 ∶ 2.4	90	90	45
	62	5.34	310	289	226	10	178	2.81	1 ∶ 1.9	90	90	70
	65	5.28	298	281	210	11	164	2.64	1 ∶ 2.0	90	90	45
平均值	67	5.68	302	290	227	11	168	2.71	1 ∶ 2.1	90	90	53
灵武长枣常规园（CK）	76	6.50	245	240	160	9	98	2.60	1 ∶ 2.5	60	45	40
	72	4.35	211	250	176	6	76	2.90	1 ∶ 1.5	80	45	40
	60	4.10	204	230	204	9	75	2.90	1 ∶ 1.4	60	55	35
平均值	69	4.97	220	240	180	8	83	2.80	1 ∶ 1.8	67	48	38
提高/%		14.0	37.0	20.8	26.1	37.5	167.0	−3.2	30.0			

表 4-2　灵武长枣纺锤形树相指标对比分析

测定	株二次枝			株枣吊			株枣股数量/个	亩有效枣股数/个	亩二次枝数/个	亩枣吊数/个
	数量/个	长度/cm	粗度/cm	数量/个	长度/cm	粗度/cm				
灵武长枣改良纺锤形丰产示范试验园	187	29	0.9	2 315	20.1	0.21	1 210	100 032	12 397	187 495
	165	31	0.8	2 597	17.6	0.19	1 102	89 674	14 309	239 074
	161	36	0.7	2 732	20.8	0.20	1 078	91 664	15 873	207 883
平均值	171	32	0.8	2 548	19.5	0.20	1 130	93 790	14 193	211 484
灵武长枣常规园（CK）	89	41	1.4	897	27.0	0.21	549	45 210	4 823	53 907
	56	30	0.7	675	17.0	0.17	421	29 654	5 492	67 083
	47	34	1.2	762	19.0	0.25	233	24 985	5 621	72 732
平均值	64	35	1.1	778	21.0	0.21	401	33 283	5 312	64 574
提高/%	167.2	−8.6	−27.2	228.0	−7.1	−4.7	181.8	181.8	167.2	227.5

图 4-4　丰产园树体冠幅 3 m 左右

图 4-5　自由纺锤形树体有 10~12 个主枝

图 4-6　自由纺锤形树体下部主枝长度

图 4-7 丰产园主枝上的二次枝

图 4-8 丰产园二次枝上的枣股

图 4-9 丰产园二次枝上的枣股

图 4-10 丰产园二次枝枣股上的枣吊

图 4-11 丰产园开花期

图 4-12　丰产园幼果期

图 4-13　丰产园枣果绿果期

图 4-14 丰产园果实膨大期

图 4-15 丰产园单枝结果状

图 4-16 丰产园结果枣树

图 4-17 丰产园园貌

图 4-18　丰产园树相

第二节　整形修剪方法

一、自由纺锤形

干高 80 ~ 100 cm，树高 3 m，冠幅 2.2 ~ 3 m，中心干强壮、直立，其上均匀、错落着生 10 ~ 12 个主枝，单轴延伸。主枝间距 10 ~ 20 cm，基部 4 个主枝可以临近着生。下部主枝长 1.7 ~ 1.9 m，中上部主枝长 1.5 ~ 1.7 m，上小下大，外观呈纺锤形。主枝水平生长，基角 50° ~ 90°，腰角 90°，梢角 70° ~ 80°。

图 4-19 自由纺锤形灵武长枣树

图 4-20 灵武长枣自由纺锤形树体

二、枝干比

主枝与着生主枝的主干直径的比值一般为 1 ∶ 3。

图 4-21 灵武长枣自由纺锤形枝干比 1 ∶ 3

图 4-22 灵武长枣自由纺锤形枝干比小于 1 ∶ 3

三、定植后第二年春季定干

在枣树定植第二年对主干进行定干，定干高度一般为 60 ~ 80 cm，抹除主干上的所有二次枝。

图 4-23 苗木定植后第二年定干

图 4-24 定干高度 80 cm

四、短截

对一年生枣头和二次枝进行剪截。春季修剪时，一剪子堵，两剪子出，称为堵截和放截。

堵截：将一年生枣头顶端剪去一段，剪口下二次枝不短截，枣头不会再延长生长。

放截：将一年生枣头顶端剪去一段，同时疏除剪口的第一个二次枝，促二次枝基部主芽萌发枣头，培养骨干枝或更新复壮衰老枣股。

利用一年生枣头上的主芽抽生新枣头，培养中干和主枝。重截后形成主干的除疏除剪口下的二次枝外，对选定做主枝的二次枝留 1 ~ 2 节短截，利用枣股上的主芽萌发形成枝。这种剪法，修剪量少，伤口小，角度适宜，成形快，结果早。

图 4-25　堵截

图 4-26　放截（二次枝短截）

图 4-27　放截后萌发的枣头

图 4-28　枣头短截促二次枝上枣股萌发枣吊

五、刻芽

萌芽前，在芽上 0.5 ~ 1 cm 处，用小钢锯在树干上与树干垂直横拉一锯，深达木质部，促使树干隐芽萌发。

图 4-29　幼树主干刻芽

图 4-30　大树主干刻芽

图 4-31 大树主干刻芽萌发枣头

图 4-32 大树主干刻芽后隐芽萌发枣头

图 4-33 主干刻芽抽生强壮枣头

六、拉枝

对着生方位和角度不当的主枝进行拉枝开角，使其与主干角度接近 90° ，呈水平生长。

图 4-34　对主枝进行拉枝

图 4-35　需要拉枝的幼树

图 4-36　主枝拉枝前直立状

图 4-37 对生长角度不合适的直立主枝进行拉枝

图 4-38 拉平后的主枝

图 4-39 将直立主枝拉成水平状

图 4-40 将直立主枝拉成与主干接近垂直

图 4-41 主枝拉枝后的树体

图 4-42 主枝拉平后的树体

图 4-43　拉枝后树形

图 4-44　拉枝后结果情况

七、甩放

在主干上培养单轴延伸的主枝，采用疏枝、轻剪缓放、不短截的修剪方法，主要依靠主枝上的顶芽自然萌发，使枣头自然向前延伸。

图 4-45　主干上甩放培养的主枝

八、主枝单轴延伸

培养的主枝上不留侧枝，其上直接着生二次枝，以主枝干为轴向前延伸。纺锤形灵武长枣整形中直接利用一年生健壮枣头一次甩放形成单轴延伸的主枝。

图 4-46　培养的单轴延伸主枝

图 4-47　单轴延伸主枝

图 4-48　灵武长枣主枝单轴延伸

九、重回缩

当自由纺锤形的灵武长枣树体主枝需要更新时，从主枝基部 3 ~ 5 cm 处截取，促使基部萌发枣头，培养单轴延伸新主枝。

图 4-49　单个主枝重回缩更新培养主枝

图 4-50　重回缩更新培养的单轴延伸主枝

图 4-51　重回缩促枣头更新主枝

图 4-52　基部主枝更新后枣头生长情况

十、疏枝

将过密、直立、交叉、重叠、衰老、受病虫害等无用枝条从基部剪掉叫疏枝，目的是集中营养，减少营养物质消耗，改善通风透光条件，促进生长和结果。疏枝时剪口要平滑，不留残橛。

图 4-53　疏枝

图 4-54　疏除主干基部无用枝

第三节　自由纺锤形整形修剪过程

按照灵武长枣生长习性，将幼树结果和整形相结合。枣树第三年进入初果期，能够达到一定经济产量，第 4 ～ 6 年边结果边培养树形，第六年完成自由纺锤形树形培养，形成标准树体结构，达到丰产稳产理想树形。

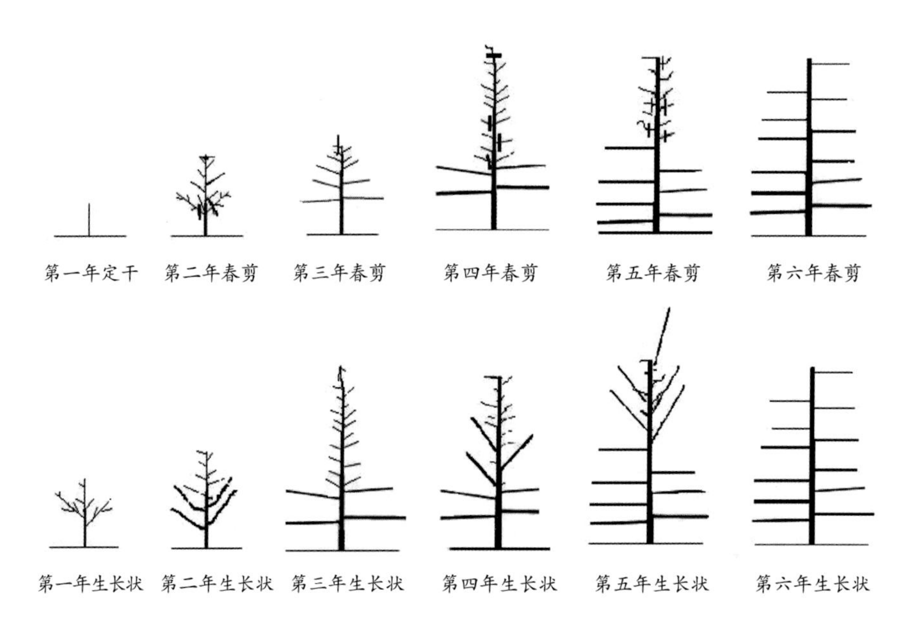

图 4–55　灵武长枣自由纺锤形整形修剪示意图

一、定植当年整形修剪

定植后定干高度 80 cm，疏除所有分枝。萌芽后及时抹芽定枝。主干上部留 20 cm 整形带，培养新枣头 3 ～ 4 个，抹除并生枝。当年新生枣头不摘心、不拉枝、不拿枝。

图 4-56　定植后定干高度 80 cm

图 4-57　定干后疏除多余分枝

图 4-58　定植后定干

图 4-59　定植第二年春季刻芽

图 4-60　定植第二年春季刻芽促萌发枣头

图 4-61　主干萌发枣头

图 4-62　抹除主干上 60 cm 以下的枣头

图 4-63　主干上部 20 cm 整形带留 3~4 个枣头

图 4-64　抹除主干上多余的枣头

图 4-65　定植当年萌发的多个枣头

二、第二年整形修剪

（一）第二年春季修剪

萌芽前，在中干上留一个直立、健壮的枣头培养成中心干，进行轻短截（堵截）。如中心干枣头生长较弱，粗度小于 1 cm 时，进行重短截，继续延长生长；对下部侧生枝枣头粗度大于 0.5 cm 的留 5 cm 短截，枣头粗度小于 0.5 cm 的留 1 cm 极重短截，并在芽上方 1 cm 处刻芽。当年培养第一轮主枝 4 个，主枝不足 4 个时，下一年继续培养。

图 4-66　定植当年留下的 3~4 个枣头第二年春季生长情况

图 4-67　春季修剪时留 3~4 个枣头培养第一轮主枝

（二）第二年夏季修剪

抹除中干上一年生二次枝萌发的枣头；在主干下部距地面80 cm处开始选留间距5 ~ 10 cm、方位角90° 新枣头4个，其余抹除。对预留的新枣头不摘心、不拿枝。

图 4-68　第二年培养的第一轮主枝

图 4-69　第二年枣股上抽生的枣吊和枣头

图 4-70　第二年抹除多余的枣头

图 4-71 第二年夏季生长情况

图 4-72 大苗建园第二年夏季生长情况

图 4-73 第二年夏季修剪

三、第三年整形修剪

（一）第三年春季修剪

萌芽前，将上一年培养出的第一轮主枝全部拉成水平状。对长度达到 1.7 m 以上、二次枝数量达到 15 ~ 20 个的主枝破头封顶（摘除顶芽）；对长度小于 1.7 m 的主枝，缓放修剪，自然延伸长度。疏除中干顶端第一个二次枝，其余二次枝缓放不动，暂不培养新主枝。

图 4-74　定植后第三年春季生长情况

图 4-75　定植后第三年未及时拉枝的树形

图 4-76　定植后第三年拉枝后第一轮主枝培养成形

（二）第三年夏季修剪

抹除第一轮主枝及中干二次枝上萌发的新枣头。

图 4-77　第三年夏季树形

四、第四年整形修剪

（一）第四年春季修剪

萌芽前，对第一轮缓放修剪的主枝破头封顶；从距第一轮主枝 20 cm 处开始，间隔 10 ~ 20 cm 留 1 节螺旋上升短截主干中部 3 年生二次枝 5 个，培养第二轮主枝；对树体高度达到 3 m 以上的中干延长头轻短截（堵截），其余一年生二次枝进行缓放。

图 4-78　第四年春季修剪

图 4-79　第一轮主枝形成后培养第二轮主枝

（二）第四年夏季修剪

对预培养的第二轮主枝抹芽定枝，留壮去弱，当年不拉枝、不拿枝、不摘心，使其自由生长。抹除第一轮主枝及中干上缓放的二次枝上新萌发的枣头。

图 4-80 第二轮主枝培养成形

五、第五年整形修剪

（一）第五年春季修剪

萌芽前，缓放第一轮主枝；将第二轮主枝拉成水平状，对长度达到 1.5 m 以上的主枝破头封顶，对长度小于 1.5 m 的主枝缓放修剪；树高控制在 3 m，选取 3 个螺旋上升排列的健壮二次枝，留 1 个枣股重短截，促发枣头培养第三轮主枝；疏除中干中部第二轮主枝间直接着生的所有二次枝。

图 4-81　第五年春季修剪培养第三轮主枝

（二）第五年夏季修剪

对预培养的第三轮主枝抹芽定枝，留壮去弱，当年不拉枝、不拿枝、不摘心，使其自由生长。抹除第一轮、第二轮主枝及中干上缓放的二次枝上新萌发的枣头。

图 4-82　第五年夏季修剪培养第三轮主枝

图 4-83　第三轮主枝培养成形

六、第六年整形修剪

（一）第六年春季修剪

萌芽前，继续缓放第一轮主枝；对长度达到 1.5 m 的第二轮主枝破头封顶；将培养出的第三轮主枝及主枝头拉成水平状，完成落头、固定树高。对长度达到 1.5 m 以上者破头封顶，对长度小于 1.5 m 者缓放，使其自然延长；疏除中干上部第三轮主枝间直接着生的所有二次枝，形成自由纺锤形标准树形。

图 4-84　灵武长枣自由纺锤形成形

（二）第六年夏季修剪

抹除第一轮、第二轮、第三轮所有主枝及中干上萌发的新枣头。

图 4-85 灵武长枣自由纺锤形树体

图 4-86 灵武长枣自由纺锤形标准树体

图 4-87 灵武长枣自由纺锤形整形修剪示范园

七、第七年整形修剪

通过抹芽、拉枝等方法维持丰产树形；对老化、衰弱主枝逐年轮流更新，每年更新主枝 1 ~ 2 个。休眠期在预备更新的主枝基部 10 cm 处背面刻芽，促其萌发新枣头培养成新主枝，次年将新主枝拉成水平状，原有衰老主枝锯除，或暂留一年，待新主枝恢复产量后锯除。

图 4-88 自由纺锤形树体第七年春季树形

图 4-89　自由纺锤形树体培养成形

图 4-90　灵武长枣第七年春季萌芽期

图 4-91　灵武长枣第七年夏季生长期

图 4-92　主枝重回缩萌发强壮枣头进行主枝更新

图 4-93　重回缩主枝更新

图 4-94　更新后新主枝拉枝

图 4-95　更新后的主枝当年长度

第五章　成龄枣树改良纺锤形树形改造及修剪技术

第一节　改造目的及原则

一、树形改造的目的和意义

民间流传“枣子没羞，当年就揪”的谚语，充分说明枣树是落叶果树中结果最早的树种之一，而且早丰性强。在放任生长情况下，灵武长枣 10 ~ 15 年才能进入盛果期，但枣树寿命很长，一般盛果期可达百年以上。灵武市现存灵武长枣老枣树 1.65 万株，其中百年以上老树占相当数量。现存 140 年树龄的灵武长枣老树干径达 0.45 m、树高达 15 ~ 20 m，仍然处于盛果期。为使灵武长枣栽培获得早期产量和效益，宁夏实施了灵武长枣密植栽培，密度多在 3 m×4 m，甚至是 2 m×4 m，栽培上多采用小冠疏层形树形整形，前期以培养树形为主。灵武长枣树势强健，发枝力强，易萌发枣头，枣树营养生长旺盛，但随着树龄增长，密植园树体空间有限，容易导致枣园郁闭，影响枣园通风透光，一般 10 年以后密植枣树就会不同程度出现主枝基部光秃，枝干比不明显，主枝角度过小，结果部位外移、上移，形成外围结果现象。尤其是修剪上长期采用短截和重摘心方法，导致枣树营养生长旺盛、全树冒条，树体营养生长和生殖生长严重失调，坐果率明显下降，枣果产量和质量难以有大的突破，亩产量一直维持在 1 000 kg 左右，并且大小年严重，严重影响着灵武长枣产业健康持续发展。所以，提高枣果品质、实现优质丰产是灵武长枣持续发展的根本动力。只有给“良种”配以“良法”，才能发挥灵武长枣优势和特色。为此，编者针对灵武长枣主枝易更新、枣头生长迅速等特点，以纺锤形树形改造为基础，集成配套相应的栽培管理技术，突破灵武长枣长期以来不易坐果、产量不稳定、亩产难以突破的难题。重点选择纺锤形的树形，集成配套相应的整形修剪、土肥水管理、保花保果、病虫害防治技术，探索“省工简化”修剪和栽培技术，并将营养诊断施肥技术、病虫害生物防治技术、节水灌溉技术以及先进的枣园地下管理模式应用到鲜食枣栽培中来，达到灵武长枣优质、丰产、稳产的目标，实现鲜食枣栽培的科学化、简易化、标准化、无害化，提高鲜食枣的品质，达到安全、优质、高效之目的。2011—2014 年，宁夏红枣专家在宁夏吴忠市利通区白土岗乡五里坡村（原属灵武市管辖）枣园进行了密植园改造试验。通过实施纺锤形树形改造，以轻剪缓放、平衡树势为主，扶强主干，开张主枝角度，在主干上直接培养单轴延伸的主枝，使得每亩结果母枝（二次枝）数量、亩有效枣股数量、亩结果枝（枣吊）数量显著增加，枝干比拉大，枣吊比提高，果品产量明显增加，果实均匀度较好，优质果率高，效益好。

二、灵武长枣改良纺锤形整形修剪技术特点

灵武长枣纺锤形整形修剪技术是借鉴苹果纺锤形修剪技术，在灵武长枣自由纺锤形树形的基础上充分利用灵武长枣生长结果习性对原有技术进行改进而形成的技术。纺锤形整形修剪技术与传统整形修剪技术的区别主要表现在以下几个方面。

（一）树体结构上的差别

与原来比较，树形标准，树体上下主枝分布均匀，结构合理，差别非常明显。树体高度为 3 ~ 3.3 m，比原来高 50 cm 左右，主枝数

量 10 ~ 13 个，比原来增加 2 ~ 3 个，主枝长度比原来长 5 ~ 70 cm，冠幅比原来大 30 ~ 40 cm，主枝角度比原来大 10° ~ 20° 。树体最先端用主枝封头，而原来多数用二次枝封头。

（二）修剪方法上的差别

与原来比较，修剪方法独特。一是先扶强中干，培养树高，后培养主枝。苗木定植后第二年对中干轻短截封头，对主枝重短截重新培养。第三年后第一轮 3 ~ 4 个主枝培养结束，树高就已达到标准高度，再倒过来培养第二轮、第三轮主枝。而原来的修剪方法是主枝培养与主干延长同步进行。二是主枝培养的时间把握较好，培养方法得当。培养主枝的前提是先对中干延长枝进行轻短截封头，方可在中干延长枝以下培养出标准的主枝。下部结一年果之后，当年短截 2 ~ 3 年生的二次枝，当年不摘心、不拿枝，拉枝开角，主枝生长量大、长度较长，结果枝数量多，1 ~ 2 年即可完成一个标准主枝的培养。而原来的修剪方法短截一年生的二次枝，萌发枣头后拉枝开角、摘心以控制生长长度，2 ~ 3 年才能完成一个标准主枝的培养。

（三）理论上的差别

第一，通过合理整形修剪，结果枝的数量是原来的 3 倍，为高产稳产奠定基础。整形修剪可解决枣树枝量不足、挂果量少、产量低下的问题。第二，先扶强中干，后一次性培养单轴延伸主枝，枝干比大，角度大，有利于控制主枝生长势。二次枝数量多，均匀度好，平衡了主枝营养，延长了枣股结果年限，解决了灵武长枣主枝下部二次枝因营养不均衡、光照差而枯死，出现内膛空虚、结果部位外移的问题，解决了骨干枝生长与角度开张之间的矛盾，解决了枝干比小、主枝偏旺造成的角度不开张、坐果难问题。第三，采用前堵后促的主枝培养方式，合理调配树体营养，确保了定位发枝、促进生长，实现了边生长边结果、树体产量形成快，解决了树体生长与结果之间的矛盾，解决了过去因二次枝细弱、营养分配不均造成的不能定位发枝、主枝培养困难、树形不标准等问题。第四，骨干枝自然生长，营养均衡。灵武长枣生长势旺、干性强，对骨干枝进行短截、强摘心后，破坏了树体营养分配，第二年枣头萌发较多，冒条严重，营养浪费，既费工，又不利于坐果。对骨干枝进行轻短截、不摘心，让其自然生长，平衡了树体营养，第二年枣头萌发少，总体修剪量达到最小化，最大限度地减少了营养物质的无效消耗，既节省抹芽用工，又有利于坐果，解决了过去采用短截、强摘心等手法造成的春季冒条多、抹芽工作量大、营养浪费的问题。

图 5-1　灵武长枣传统树形双主干

图 5-2 传统树形枝干比过大形成竞争枝

图 5-3 幼树整形不当形成双主干

图 5-4 形成多头导致没有中央领导干

图 5-5 小冠疏层形个体郁闭使结果部位外移

图 5-6　纺锤形树体通风透光

图 5-7　纺锤形立体结果果品质量好

三、改造原则

（一）改造以不影响产量为基本原则

以轻剪缓放、平衡树势为主，边结果边改造，确保当年产量，重点扶强主干，拉开枝干比，开张主枝角度，在主干上直接培养单轴延伸的主枝。采用强拉枝的方法，拉平主枝，确保当年产量。对拉不动的主枝，采用重回缩的方法进行主枝更新，没有空间的主枝

一律疏除，做到全树不留夹角枝，并在主干有效部位采用刻芽、重截二次枝等方法培养新主枝，补满树体空间。

（二）分步实施、逐年改造的原则

根据树龄和树体大小，分 2 ～ 3 年完成树形改造。

（三）因地、因园、因树制宜的原则

树势过旺的密植枣园，轻剪缓放，促进多结果，平衡树势；土壤肥力不足、树势较弱的枣园，采取重修剪的方法，促发健壮的新梢，并结合增施有机肥加强肥水管理，迅速增强树势，培养出理想树形。

（四）关键技术与配套措施相结合的原则

改造过程中，采取伤口保护、夏季抹芽、花果管理、土肥水管理及病虫害防治等配套措施，确保当年产量和树形改造效果。

四、改造技术路线

对小冠疏层形及其他树形成龄枣树进行树体更新改造，更新主枝，扶强中干，拉开枝干比，强拉枝，开张主枝角度，培养主枝斜向下单轴延伸主枝，通过 3 年的时间将其改造成自由纺锤形丰产优质理想树形。同时，紧紧围绕灵武长枣品质提升，配套枣园生草、增施有机肥、花果管理、土肥水管理、病虫害防控等技术措施，实现灵武长枣优质丰产的目标。

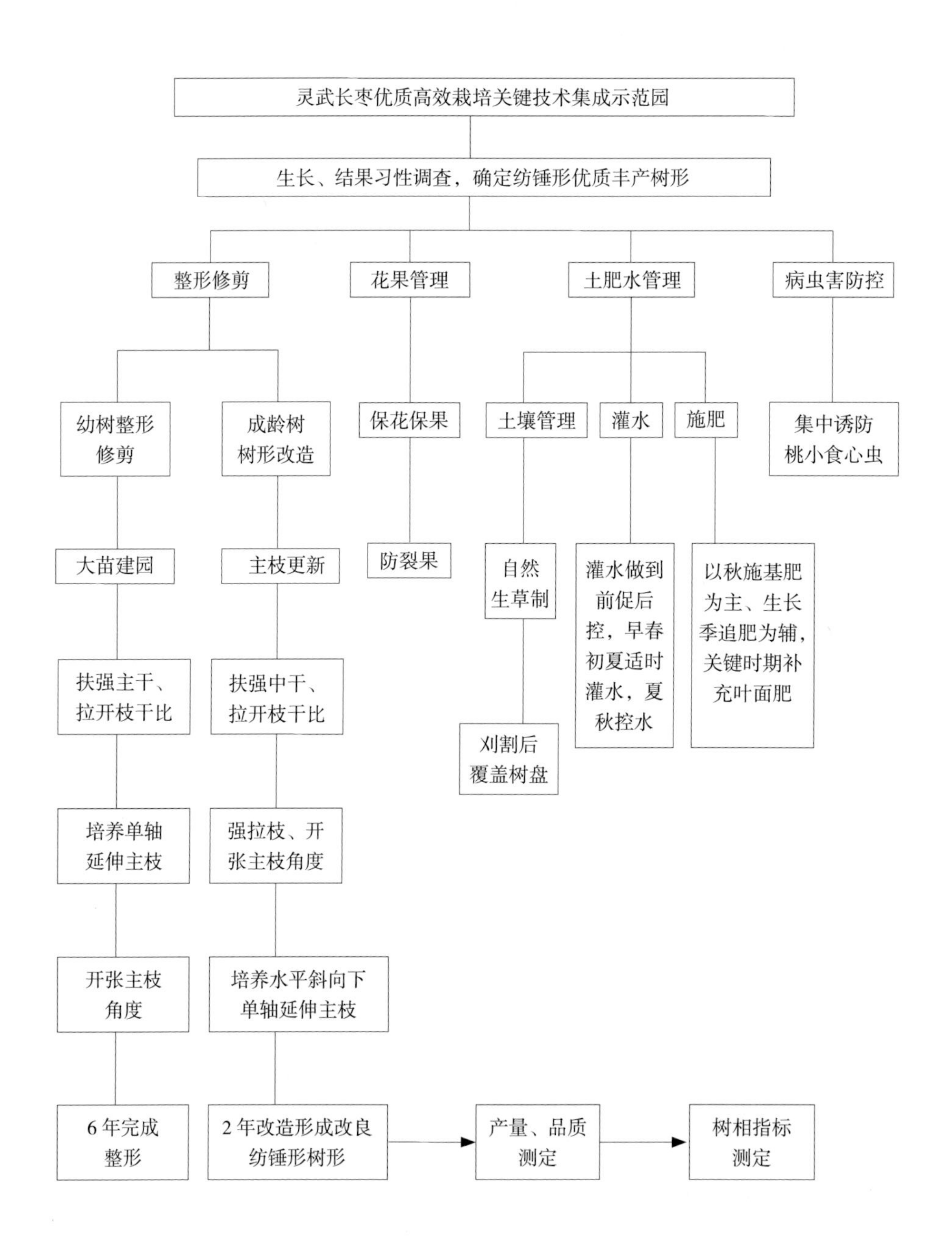
灵武长枣优质高效栽培关键技术集成示范园
生长、结果习性调查，确定纺锤形优质丰产树形
整形修剪
花果管理
土肥水管理
病虫害防控
幼树整形修剪
成龄树树形改造
保花保果
土壤管理
灌水
施肥
集中诱防桃小食心虫
大苗建园
主枝更新
防裂果
自然生草制
灌水做到前促后控，早春初夏适时灌水，夏秋控水
以秋施基肥为主、生长季追肥为辅，关键时期补充叶面肥
扶强主干、拉开枝干比
扶强中干、拉开枝干比
刈割后覆盖树盘
培养单轴延伸主枝
强拉枝、开张主枝角度
开张主枝角度
培养水平斜向下单轴延伸主枝
6 年完成整形
2 年改造形成改良纺锤形树形
产量、品质测定
树相指标测定

图 5-8　改造技术路线

第二节 成龄枣树改良纺锤形整形修剪技术

一、灵武长枣改良纺锤形树相指标

干高 80 ~ 100 cm，树高 2.5 ~ 3 m，中心干强壮、直立，其上错落着生单轴延伸主枝 10 ~ 12 个。主枝间距 10 ~ 20 cm，基部 4 个主枝可以临近着生。主干下部主枝长 1.7 ~ 1.9 m，中上部主枝长 1.5 ~ 1.7 m，主枝水平生长，基角 50° ~ 90°，腰角 90°，梢角 70° ~ 80°，树体上小下大，外观呈纺锤形。

个体指标：主枝数 10 ~ 12 个，枝干比小于 1 ∶ 2，每个主枝上有 15 ~ 20 个二次枝、100 ~ 120 个枣股、230 ~ 250 个枣吊。单果重 11 ~ 13 g，每个主枝负载量 1 800 ~ 1 950 g。

二、改良纺锤形枣园群体指标

留枝量：每亩留主枝 611 ~ 1 000 个，每亩留二次枝（结果母枝）14 000 ~ 15 000 个，每亩留有效枣股 90 000 个。

留果量：每亩留 110 000 ~ 130 000 个果。

产量质量：改造当年每亩产量 400 ~ 1 000 kg，改造后第二年每亩产量 1 000 ~ 1 500 kg，改造 3 年后每亩产量保持在 1 500 ~ 1 700 kg，优质果率达到 80% 以上。

三、改造更新对象

改造更新对象为 2 m×3 m、2 m×4 m、3 m×4 m 的密植成龄枣园，树龄 6 ~ 12 年，由于长期采用短截、重摘心的修剪手法，培养了基部大型主枝，主要依靠修剪来控制树冠，基部主枝粗大，角度不开张，枝干比小，导致树体结构混乱，整体树势不平衡，有效枣股数量少，主枝基部结果枝枯死、结果部位外移。

图 5-9　需要改造的灵武长枣树

图 5-10　正在改造的灵武长枣树

四、改造过程及关键技术

对树龄 6 年、主干粗度小于 10 cm、高度小于 3 m 的树体，2 年完成树形的改造。对树龄 10 年、主干粗度大于 10 cm、高度 3 m 以上的树体，分 2 年重回缩全树主枝培养单轴延伸新主枝，3 年完成树体改造更新。

（一）改造当年的整形修剪

1. 改造当年的春季修剪

对明显下强上弱、有主干的枣树，通过疏除卡脖枝、竞争枝、下部徒长枝和主干粗度接近的主枝，扶强主干，逐步拉开枝干比，为纺锤形树形改造搭好骨架。对主干下部第一层角度过低、过小，无法开张角度，枝干比大于 1 ∶ 3 的主枝，采取疏除的方式，提高干高至 80 ~ 100 cm，选留第一主枝。灵武长枣隐芽多，主枝更新容易萌发枝条。灵武长枣单个主枝重回缩培养单轴延伸新主枝产量恢复快，第二年就基本达到丰产，所以，灵武长枣单个主枝重回缩培养单轴延伸新主枝是成龄枣树主枝更新的理想方法。

疏枝：疏除中干上卡脖枝、过密枝、并生枝、下部徒长枝和多余的二次枝，扶强中干，逐步拉开枝干比，搭好纺锤形树形改造骨架。

图 5-11 疏除多余枝，拉开枝干比

图 5-12 大树落头

图 5-13　疏除主干上太低的主枝以提干

图 5-14　疏枝提干，改造树体

重回缩：在中干上对有生长空间的角度直立的粗大主枝，全部留基部 10 cm 重回缩进行更新，培养单轴延伸新主枝。

图 5-15　重回缩促萌发新枣头培养主枝

主干刻芽：对主干过高或上部主枝之间有生长空间而无主枝的空缺部位，于早春萌芽前用手锯在主干预发枝部位隐芽上方横向深拉一锯，深度 1 ～ 2 cm，进行定向刻芽。

图 5-16　在主干刻芽定向培养新主枝

短截二次枝：修剪时在符合培养主枝的部位，对已有多年生二次枝留基部 1 个枣股进行重短截，促二次枝上的枣股萌发健壮枣头，作为预备枝培育主枝。

强拉枝：对树干上有结果能力的枝条实行强拉枝，一律拉成水平状，缓放不剪。

图 5-17　扶强主干

图 5-18　去除双主干的一个主干

2. 改造当年的夏季修剪

生长季及时抹除所有主枝背面萌发的枣头。对更新部位抽生的枣头，只留 1 个健壮枣头，其余全部抹除。留下的新枣头当年直立生长，不拿枝、不拉枝、不摘心。

图 5-19　全树主枝一次性改造

图 5-20　主枝改造留一个枣头，其余抹除

图 5-21　选留枣头不能下垂

图 5-22　多个枣头要及时疏除，节约养分

（二）改造第二年的整形修剪

春季修剪疏除中干上萌发的多余枝条，主枝数量控制在 12 个以内；对上年拉平的老化主枝在基部 10 cm 内刻芽，培养主枝预备

图 5-23　主枝重回缩培养单轴延伸新主枝

枝；萌芽期拉平主枝，对上年新培养的一年生主枝拉枝开角。主枝长度达到 1.5 m 以上的拉成水平状，长度不足 1.5 m 的拉成 80° ，对主干上的第二层主枝进行强拉枝，开张主枝角度，角度≥ 90° 者让其自然延伸。

夏季修剪与上年相同。

图 5-24　主枝更新改造低产园

图 5-25　全树分两年进行更新改造

图 5-26　主干刻芽定向培养的主枝

图 5-27　主干刻芽培养的新主枝

图 5-28　培养出需要拉枝的新主枝

图 5-29　对新培养的主枝进行拉枝

图 5-30　改造后培养新主枝的长度

图 5-31　对培养的第二轮新主枝强拉枝

（三）改造第三年的整形修剪

春季修剪疏除中干上萌发的多余枝条，拉平上年培养出来的主枝预备枝，从主枝预备枝处锯除改造当年留下的老化主枝。

图 5-32 对培养的新主枝强拉枝

图 5-33 改造后的标准树形

（四）改造 4 年后的树体调整

改造 4 年后，改良纺锤形树形形成。严格控制主枝角度，维持丰产树形。根据主枝结果能力、生长状况及空间分布，适时调整主枝角度和长度。主枝结果能力衰退时，及时更新替换。每年更新 2 个主枝，6 年一轮回。

图 5-34　改造成形的树体

图 5-35　改造成形的示范园

图 5-36 改造 4 年后的树体调整

（五）主枝更新

结果枝组经过 5 ～ 6 年连续衰弱后或枝干比超过 1 ∶ 3 时进行更新，具体方法：将需要更新的结果枝组从基部留 10 cm 短桩直接锯除，促使短桩上的隐芽萌发，抽生枣头，选留 1 个健壮枣头直立生长，一般当年枣头可生长到 2 m 左右，于第二年春季将其拉平，直接形成单轴延伸结果主枝。对传统管理模式下需要改造的枣园，不能一年一次性完成，要分两年进行改造，改造采用纺锤形树形，主枝重回缩培育单轴延伸新主枝，这样就会使前两年维持原产量，第三年达到丰产，从而不会对枣农造成经济上的损失，5 年后，就会形成改良纺锤形树形。

（六）伤口保护

改造过程中形成的剪锯口等伤口光滑平整，涂抹保护剂后，表面覆塑料膜或报纸。常用的果树修剪伤口保护剂有胶醋保护剂（米醋 0.3 kg+ 白色乳胶 1 kg 混匀备用）。

图 5-37　单个主枝重回缩培养单轴延伸新主枝

图 5-38　剪口涂抹保护剂

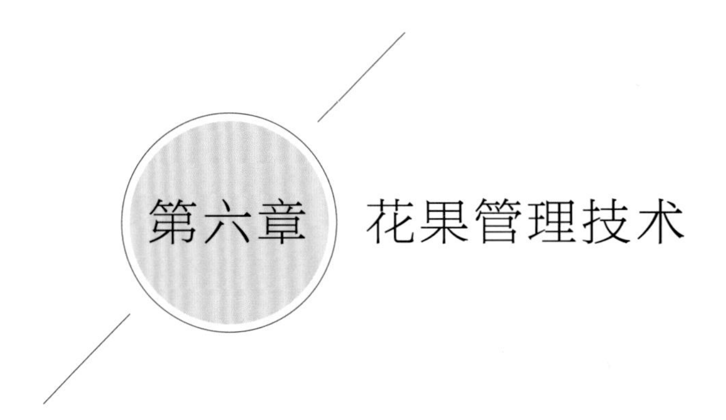

第六章 花果管理技术

第一节 影响灵武长枣坐果率的主要因子

枣自花结实能力很强，但如配有授粉树，亦能提高其坐果率，因此在建园时应考虑品种混栽问题。枣的授粉和花粉发芽均与自然条件有关。低温、干旱、多风、连雨天气对授粉不利。从枣的花粉发芽来看，以气温 24℃ ~ 26℃，相对湿度 70% ~ 80% 为宜。湿度太低（40%~50%）则花粉发芽不良，因此花期喷清水可提高坐果率。

枣树落花落果严重，影响产量的提高。一般枣树自然坐果率仅为开花总数的 1% 左右，枣花开放后，如花期气候不良，首先出现没有授粉受精的花、萼片展不开的花，约经一周后即大量落花，也有一部分落蕾，由于树体营养条件不好，花器发育不良而形成“僵蕾”，盛花期后于 7 月上旬出现落果高峰，此期落果量约占总量的 50% 以上，7 月下旬生理落果基本终止。生理落果的主要原因是营养不足。因为枣的花量大，在分化和开花过程中就消耗了大量的贮藏营养，因此在花期出现落蕾落花。待到盛花期后，大批幼果变黄，甚至叶色变浅，呈现缺乏营养的症状，造成大量落果。一般影响枣树开花坐果的主要外部环境因子有以下几方面。

一、气温

枣树是喜温的果树，春季气温到 13℃ ~ 15℃时开始萌动，而抽枝、展叶和花芽分化需要 17℃以上的温度，气温到 19℃以上叶腋出现花蕾，到 20℃ ~ 22℃时开花，果实成熟的适温为 18℃ ~ 22℃，气温下降到 15℃开始落叶。枣树开花期和果实发育期要求温度较高，花期适温为 24℃ ~ 25℃，一些品种花期气温低于 25℃时即很少坐果，温度不足则果实发育不好。枣花的开放需要一定的温度，开花的时间与每天最高温度有密切关系。日均温达 23℃以上进入盛花期。温度过高则开花期缩短，但仍能坐果；温度过低则影响开花的进程，甚至坐果不良。花期阴雨同样影响坐果。

二、空气湿度

枣花授粉受精需要较高的空气湿度，过于干旱会妨碍花粉发芽受精，宁夏地区枣树花期正值当地干热风，对枣树坐果影响很大。湿度低于 40% ~ 50% 则花粉发芽不良，出现“焦花”现象。

三、光照

枣树喜光，如栽植过密或树冠郁闭，则二次枝发育不良，多在树冠外围或南面结果，而内膛枝结果较少，一些庭院里光照不良的枣树很难结果。

四、风

枣树抗风力弱，花期遇大风，易增加落花落果，果实成熟前多风，易出现风落枣。

第二节　提高灵武长枣坐果率的关键技术

一、营养调节

营养不良是枣树落花落果的主要原因之一。树体营养状况的好坏不仅与当年的生长和结果密切相关，而且会影响来年的生长和结

果。因此，加强土肥水、整形修剪、病虫害防治等综合管理，提高树体营养水平，对提高坐果率举足轻重。首先要加强头一年夏秋的管理，保护叶片不受病虫害为害，合理负载，提高树体营养水平，保证花芽健壮饱满。其次要调节春季营养的分配，平衡树势，不使枝叶旺长，必要时采用控梢措施。花量大时，疏花。花期环剥，可增强营养，提高坐果率。注意补施肥水，如花期前后喷尿素、硼砂等，根据土壤墒情灌水，春旱地区一般花前灌水可提高坐果率。不能灌溉的要采取保湿措施，要充分注意提高根系活力，改善树体光照条件。

（一）加强土肥水管理

一是施足基肥，盛果期树按斤果斤肥的水平于采果前施入腐熟有机肥，幼树根据树体大小按每株 5 ~ 10 kg 标准施足基肥。二是在 4 月中旬结合灌催芽水，每亩冲施碳酸氢氨 50 kg，促进萌芽抽枝，加速叶幕形成，为积累营养创造条件。三是灌水后及时中耕除草，松土保墒。

（二）注重整形修剪

枣树是喜光的树种。合理的修剪可使枝条布局合理，改善树体的通风透光条件，提高光合效能，促进花芽分化，提高坐果率。尤其是枣头的前期生长与花芽分化、开花结果的物候期相互重叠，更应通过夏季修剪进行调整。

（三）加强病虫害防治

造成落花落果的病虫害主要是枣瘿蚊、枣叶壁虱、红蜘蛛等，应加强监测及时防治，以达到保叶保果、增强树势的目的。冬季应及时把树干涂白，防止兔、鼠危害和冻害发生。

二、保证授粉受精

枣树可自花授粉结果，但从枣树的特性来看，需要异花授粉才能结果，尤其是有些品种雄蕊发育不良，花粉退化（如梨枣），则更需要配置授粉树，如赞皇大枣和婆枣以斑枣为授粉树，增产效果明显。灵武长枣为自花结实的品种，配置授粉树异花授粉，有助于受精，可提高坐果率，增进果实品质。因此，建园时应考虑品种混栽或配置授粉树。一般枣园应配置早、中、晚熟品种，但品种数量不宜超过 3 种。授粉品种的比例可控制在 10% ~ 30%，以株间配置为宜，可采取主栽品种每隔 3 ~ 9 株栽 1 株授粉品种的方法，或者采取梅花桩配置的方法。主栽品种与授粉品种的盛花期应基本一致。灵武长枣、中宁圆枣、同心圆枣既可作为主栽品种，又可互为授粉树配置。 除要有足够的适宜的授粉树外，枣园放蜂也很重要。枣园花期放蜂是一举两得的好事。每 50 ~ 60 亩放 1 箱蜂，每箱 1 万 ~ 1.5 万只。必要时人工辅助授粉。

三、做好夏季修剪

（一）花期环割（剥）

开甲又叫花期环割（剥），是枣树栽培上应用时间最长、范围最广的一项传统技术，有 2 000 多年的历史。宁夏由于干旱少雨，枣树生长期短，该技术在大树上应用较少，主要在初结果旺树上使用，以割为主。6 月中旬盛花期，对 4 ~ 10 年生幼旺树，在树干或主枝基部进行环割，过旺树亦可环剥，以切断树干韧皮部，阻止地上部光合作用物质向根部输送，控制枣树根系的生长，缓解营养生长与结果间的矛盾，提高坐果率。对肥水水平高、树势旺的，可连年进行，每年上移 3 ~ 5 cm。环割时注意割口要齐，环剥时宽窄要适宜，一般以不超过主枝直径的 1/10 为宜，要求环剥口呈外“八”字形，以防积水，有利于剥口愈合，也可于环割（剥）后用塑料膜包裹环（剥）口，保证伤口愈合。

（二）摘心

枣头摘心可有效抑制枣树的营养生长，使枣树的营养分配向花芽分化、开花坐果转移，从而提高坐果率。枣头摘心可根据所处位置、空间大小、长势来确定。一般可留 2 ~ 8 个二次枝摘心，空间

大的多留，空间小的少留。对鲜食品种的枣吊也可摘心，一般对强壮的枣吊留 30 cm 左右摘心，可明显提高坐果率。

四、应用植物生长调节剂

宁夏枣树花期高温、干旱，是造成“焦花”、影响坐果率的常见问题。因此在花期喷水、施微肥和植物生长调节剂，不仅能增加空气湿度，也能降低气温，还可促进枣吊和叶片生长，提高光合效能，提高坐果率，增进品质。在枣树盛花期上午 8 时至 10 时或下午 16 时至 18 时，喷水 2 ～ 3 次可提高 30% 以上坐果率。在喷水时加入赤霉素（GA3）或萘乙酸，或 0.3% 硼砂，可明显提高坐果率。

五、合理负载

为保证灵武长枣果品质量，增强市场竞争力，应大力推广疏果技术。一是疏除枣股上生长弱的枣吊，减少营养消耗；二是疏果时尽量保留第一批或第二批花坐的果，疏除后期花坐的果、病虫果和畸形果。一般 7 月上旬以后坐的果应一律疏除。留果标准是旺枝每枣股留枣果 15 个左右，壮枝留 12 个左右，弱枝留 5 个左右。

枣果进入着色成熟期，常发生未熟先落的采前落果现象。由于落果早，果实成熟度差，果肉薄，含糖量低，风味差，商品价值大为降低。

为防止采前落果，可在采前 30 ～ 40 d 喷 2 次 10 ～ 30 mg/kg 萘乙酸，抵制果柄离层形成，减少落果。使用萘乙酸时，先用酒精将萘乙酸完全溶解，然后加水稀释到使用浓度。

第三节　灵武长枣裂果及防御

一、裂果原因

裂果现象主要是枣成熟期含糖量增高，果皮弹性降低，由韧变脆；阴雨天过多地吸收水分后果肉膨压加大，致使表皮破裂；日烧、日灼也会造成裂枣；同时，裂果与品种有关，果肉弹性大、角质层和果皮薄的品种易裂果。另外，缺钙也可加重裂果程度。夏秋季节昼夜温差大，空气湿度变化剧烈，枣园常常发生结露现象，特别是在七八月枣园供水不足，8 月下旬灵武长枣果实在白熟期至脆熟期遇到雨天，果实裂果严重，进而直接导致腐烂病的发生，枣树生产损失严重。鉴于枣果在白熟期至脆熟期果皮细胞已凋亡，丧失了对水分选择吸收的调控能力，致使果肉大量吸水，产生膨压，发生裂果，由此根系吸收的水分能够输送给枣果而引起裂果的作用有限，而地上部分枣果果皮部位长时间聚集雨水或露水以及叶片直接吸水对裂果起主导作用，若果实发生日灼则加剧裂果发生的程度，同时黑斑病、腐烂病的发生率随之升高。

二、防裂果措施

（一）枣园覆草

在根系集中分布区覆盖 10~20 cm 厚的碎秸秆。一般通行覆盖，覆草时间在 6~10 月为好；此时覆草温度、湿度较高，有利于土壤中微生物大量繁殖，有利于活化土壤中的钙元素。秋季可延长根系的生长时间，夏季和冬季可减少土壤的温差，有利于根系的生长，尤其是表层根系的生长。覆草可以很好地保持土壤墒情，使土壤湿度保持在恒定状态，因此，可防止裂果的发生。长期覆草会明显增加土壤中的有机质含量，可选择麦秸、麦糠、粉碎的玉米秸等。

（二）地膜覆盖树盘

一般在枣树发芽前，在树两侧顺行向覆盖 1~2 m 宽的地膜。前期可以提高地温，促进根系活动；中、后期可以保持土壤湿度，使土壤不至于过旱，有效地防止裂果。

（三）科学供水供肥

增施有机肥，以增强土壤保水保肥能力，既是鲜果高产优质的物质基础，也是有效降低裂果率的技术措施之一。在果实生长发育

期间，尤其应注意水分均匀供给。干旱枣园通过灌溉补充欠缺的水分，无灌溉条件的枣园，采用蓄水沟蓄水，枣园行间生草，树盘铺草覆盖，增加枣园的空气湿度，使土壤持续保持果树生长发育所需的适宜含水量。在梅雨或暴雨季节，枣园及时排除积水，以利于果实平稳增大，减少裂果。同时注意氮、磷、钾、钙肥料配合施用，特别是增施钾肥，也能在一定程度上减少裂果。

（四）合理整形修剪

灵武长枣枣头萌发力强，如果不加强修剪，易造成枣头过多、树体紊乱，水分和养分供应受到影响，果实生长发育不良，导致裂果加剧。相反，如果树冠较矮化，结果枝粗壮，有利于水分和养分充足均衡供给，有利于水分吸收和蒸腾的平衡，果实生长发育良好，外观整齐均匀，则可以减少裂果。所以应对幼龄枣树应用自由纺锤形整形修剪技术，培养合理树形，调节树体通风透光条件；成龄枣树应对超过 5 cm 的主枝进行轮换回缩更新，培养健壮的结果枝组，促进枣果的健壮均衡生长，减少裂果发生。

（五）喷施化学药剂预防裂果

果实生长发育期间，对树冠喷施一定的化学药剂可减轻裂果。在幼果迅速膨大期，用 0.2％氯化钙或 0.2％硝酸钙或 0.2％氨基酸钙等溶液进行根外追肥，后期叶面喷施磷酸二氢钾，对促进果实生长发育、减轻裂果也有较好效果。

（六）加强病虫害防治

抓好病虫害防治，特别是在幼果期及疏果后及时喷药，防治枣桃小食心虫和绿盲蝽，保持果实健康发育，可减少裂果的发生。

第七章 土肥水综合管理

在建立的灵武长枣示范园，结合自然生草制，将传统清耕制的一年 5 次灌水改变为一年 4 次灌水，一年 3 次追肥改变为一年 2 次追肥，可达到产量由 1 200 kg 提高到 1 700 kg 的目的。由此可以看出，在自然生草制的枣园，通过采取节水节肥的肥水管理制度，减少不必要的水肥浪费，可降低生产成本，尤其是对需水期不能及时供水的枣园效果非常明显。枣园实行自然生草制土壤管理后，盛果期枣树在萌芽前株施尿素 0.75 kg，果实膨大期株施高效复合肥 1 kg，每年秋季株施腐熟农家肥 30 ~ 40 kg，整个生长季只需灌水 4 次，便可满足灵武长枣正常生长、结果的需要，产量和质量都可得到保障。同时，节水节肥还有利于控制树体不旺长，避免开花坐果期追肥、灌水导致的落果，减少夏季抹芽工作量，达到节肥节水的栽培目的。

第一节 土壤管理

灵武长枣枣园土壤管理制度包括清耕制和生草制两种类型。灵武市大泉长枣科技园区于 2016 年开始进行枣园生草技术试验，改过去传统的枣园清耕制为生草制，目的是克服枣园机械旋耕造成的

破坏土壤结构、费工费时、枣树根系上移等诸多不便。枣园生草可改善枣园小气候，花期湿度明显提高，对枣树坐果十分有利。生草制枣园喷施一次坐果药即可坐果良好，而清耕制枣园需喷施两次坐果药。生草可增加土壤有机质含量；稳定地温，增强树体抵御自然灾害的能力。枣园生草制分为人工种草和自然生草两种模式。截至目前，园区人工种植的草有多年生黑麦草、白三叶草、蒲公英等。枣园生草制需要及时割除杂草，要求杂草高度不超过 40 cm。2017 年共割除 5 次。采用背负式割草机割草的人工费为 10 元 / 亩・次，采用机械旋耕割草的人工费为 40 元 / 亩・次，背负式割草机费用远远低于机械旋耕费用。

宁夏枣园土壤耕作管理主要以清耕制为主，自然生草制不多采用，发展枣园生草制，对促进果树生长发育、提高果品质量和产量、提高经济效益具有重要意义。自然生草制和树盘覆盖与清耕制示范园对比结果显示，7 月自然生草制枣园含水量明显高于清耕制枣园，由清耕制的 9.7% 提高到 11.2%，土壤含水量保持均衡状态，从而有效地控制了 7 月缩果，所以示范园均未出现缩果问题。同时单果重、产量、可溶性固形物含量都略有增加。枣园自然生草制和树盘覆盖对稳定土壤水分、减少夏季枣果缩果具有明显的效果。由此可见，自然生草可使枣园内的温度、湿度保持相对稳定，提高枣园抗不利天气的能力，而合适的湿度对枣果生长及丰产有利。

采用自然生草结合树盘覆盖法的枣园，于每年 7 月上旬、8 月下旬草长到 60 ~ 80 cm 高时，用割草机割草 2 次，将割下来的草覆盖于树盘，可改善枣园生态环境，起到抗旱保水的作用，有效减轻枣树坐果期高温干旱，同时结合秋季施基肥将草翻压还能增加土壤有机质含量。留草加覆盖的土壤管理方法，可降低生产成本，达到以草养园的目的，解决了宁夏扬黄灌区鲜食枣因缺少水分引起的枣果发绵问题和夏季灵武长枣由于供水不及时产生的枣果缩果问题。

图 7-1　枣园行间种草

图 7-2　枣园行内通行覆膜

图 7-3 行间自然生草

图 7-4 常规清耕制枣园

图 7-5　枣园生草及时割除

图 7-6　春季行内覆盖地膜以提高地温

第二节　科学施肥

“庄稼一枝花，全靠肥当家”说明了肥料的重要性，因此充足的肥水和精细的管理是集约化栽培成功的关键。为了实现优质、高产和稳产，必须重视科学施肥。

一、施肥时期

枣树生长期虽短，但从萌芽到落叶其生命活动都极为活跃，在不同的物候期，枣树有各自的营养分配中心。特别是在枣树年生长周期的前期，萌芽、枝条生长、花芽分化、开花坐果等物候期相互重叠，各器官对营养的争夺激烈。因此，枣树施肥应针对不同时期营养分配的特点进行。

（一）基肥

基肥的撒施时期以果实采收前后为宜。此时叶片仍有较高的光合效能，阳光充足，昼夜温差大，有利于根系恢复、肥料腐熟，有利于增加树体贮藏营养，以满足第二年萌芽、抽枝、花芽分化、开花坐果的需要。若不能秋施，也可春施，春施基肥一般在萌芽前的半个月内进行，在宁夏一般为 3 月下旬至 4 月上旬，但此时多风沙天气，干旱少雨，土壤含水量低，挖沟施肥对枣树萌芽、生长不利。

另外，春季施肥后，肥料不能很快腐熟并被吸收，不利于枣树前期快速生长和开花坐果期养分的充足供应。

（二）追肥

枣树追肥主要在萌芽前、花期、幼果期进行。

1. 萌芽前追肥

又叫催芽肥，一般在 4 月中下旬进行。以氮肥为主，配以磷、钾肥。此次追肥非常重要，不但能促进萌芽，而且对花芽分化、开花坐果非常有利。

2. 花期追肥

又叫坐果肥，于 5 月底 6 月初进行。以氮肥为主，配以适量磷肥。此期追肥可及时补充枣树因开花数量多、时间长、消耗营养多而造成的营养不足，减少落花落果，促进开花，提高坐果率。

3. 幼果期追肥

又叫促果肥，一般在 7 月下旬进行，对提高产量、增进品质有重要的作用。以氮、磷、钾肥搭配为宜。此次施肥可促进幼果生长和迅速发育，增加糖分积累，提高枣果品质。

（三）叶面喷肥

从枣树展叶开始，每隔 15 ~ 20 d 进行一次。

二、施肥种类

（一）基肥种类

基肥应以腐熟的有机肥为主，适当配合速效肥。常见的有羊粪、猪粪、牛粪、鸡粪、堆肥、绿肥、圈肥等。

（二）追肥种类

主要追施速效性化肥，如碳铵、尿素、磷酸二铵、钾肥及铁、硼、锰、锌、稀土等微肥。

三、施肥方法

枣树的施肥方法主要有土壤施肥和叶面喷肥两种。

（一）土壤施肥

土壤施肥必须与枣树根系的分布相适应，要将肥料施在根系集中分布层内，以利于根系吸收，发挥肥料的最大作用。枣树的水平根系一般集中分布在树冠垂直投影的外围或稍远处，垂直分布因品种、砧木、树龄、环境不同而有较大差异。因此在施肥中应坚持成龄树有机肥远施深施，幼树追肥浅施近施。基肥的施入方法如下。

1. 环状沟施肥

在树冠外围稍远处挖宽 30 ~ 50 cm、深 40 cm 左右的施肥沟，将肥料与表土混匀，填入沟内。此法多用于树冠尚未郁闭的幼龄枣园。

2. 放射沟施肥

在树冠下距主干 100 cm 以外处，顺水平根方向放射状挖 5 ~ 8 条、宽 30 ~ 50 cm、深以不伤大根为宜、长度 60 cm 以上的施肥沟，把肥料与表土混匀后填入。此法多用于成龄枣园。

3. 条状沟施肥

沿树冠外围顺行开宽 30 ~ 50 cm、深 40 cm 左右的施肥沟，将肥料与表土混匀后填入。此法多用于株距较小的密植园。

4. 穴状施肥

多用于追肥。在树冠外围处，每隔 50 cm 左右挖直径 30 cm 左右、深 20 ~ 30 cm 的施肥穴，将肥料施入后埋土。

（二）叶面喷肥

又叫根外追肥，具有简便易行、用肥少、见效快、就近供应、不受树体营养分配中心影响、效果明显的特点，可在短时间内满足树体对营养元素的需求，提高叶片光合作用、呼吸作用和酶的活性，促进枣树的营养生长和果实发育。特别是在缺乏灌溉条件、不能及时进行土壤追肥的枣园，合理根外追肥可明显提高坐果率，促进果

表 7-1 叶面喷肥常用肥料及浓度

种类	浓度 / %	时期	作用
尿素	0.3 ~ 0.5	整个生长期	促进生长，提高产量
氯化钙	0.3 ~ 0.5	幼果期	防止裂果
氯化钾	0.3 ~ 0.5	果实生长期	提高果实品质
硫酸钾	0.3 ~ 0.5	果实生长期	提高果实品质
磷酸二氨	0.3 ~ 0.5	果实生长期	促进果实发育
磷酸二氢钾	0.3 ~ 0.5	整个生长期	提高光合效能，促进果实发育，提高果实品质
硼砂	0.3 ~ 0.5	花期	促进坐果
硫酸锌	0.2 ~ 0.3	整个生长期	防止小叶病
硫酸亚铁	0.3 ~ 0.5	整个生长期	防止黄叶病

实膨大，增进枣果品质，增强树体抗性。还可结合花期喷水、防治病虫害进行。常用的肥料主要有尿素、磷酸二氢钾、硼砂等，使用时期和浓度见表 7–1。叶面喷肥最适温度为 18℃ ~25℃，时间以上午 10 时前和下午 4 时后为宜。气温过高时溶液蒸发快，不利于叶片吸收，影响施肥效果，易发生药害。喷药时，注意均匀喷叶背，以增加吸收，提高喷药效果。

四、施肥量

枣树的施肥量目前尚无定论。一般认为每产 100 kg 鲜枣，约施入氮 1.5 kg、磷 1 kg、钾 1.1 kg 为宜。

五、增施有机肥技术

秋季枣果采收后每亩施入有机肥（羊粪）4 000 kg，复合肥 50 kg，微量元素 25 kg，生物菌肥 2 kg。施肥方法是在树冠外

图 7-7　有机肥准备

图 7-8　逐行开沟施基肥

图 7-9　秋施基肥机械开沟

图 7-10　往园里运有机肥

图 7-11　有机肥单株分配

缘挖深 40 cm、宽 40 cm 的施肥沟，将肥料与土壤混匀后施入。

合理的施肥量是科学施肥的前提，自然生草制枣园与清耕制枣园相比，在保证产量的前提下，可通过减少施肥次数达到节肥的目的。

第三节　科学灌水

枣树在生长期，特别是前期（花期和硬核前果实速生期），对土壤水分比较敏感。当土壤含水量小于田间最大持水量的 55% 或大于 85% 时，落花落果加重，幼果生长受阻。在硬核后的缓慢生长期中，当土壤含水量降到田间最大持水量的 30% ~ 50% 时，果肉细胞停止生长。此期缺少水分会造成果实变小而减产，品质变差。在宁夏，枣树生长前期正值干旱季节，更应重视灌水，以补充土壤水分的不足，促进根系及枝叶的生长，减少落花落果，促进果实发育。

一、灌水时期

依据枣树物候期，枣树灌水主要有以下几次。

（一）催芽水

在 4 月中下旬枣树萌芽前，结合追肥灌水，这时灌水可促进根系生长和对营养的吸收运转，促进萌芽，加速枝条生长、叶幕形成及花芽分化。

（二）花期水

6 月中旬，结合花期追肥灌水。枣树花期对水分相当敏感，这不仅是因为此期各器官均处在迅速生长期，需要大量的水分和养分，还由于花粉发芽也需要较高的空气湿度。花期灌水，可增加枣园湿度，改善授粉条件，提高坐果率，促进果实发育。

（三）保果水

7 月上中旬为幼果发育期，此时气温高，天气干旱，枝叶易和幼果竞争水分，需水量较大。此期灌水可促进细胞分裂和枣果体积增加，为优质丰产奠定基础。此期水分不足会使枣果生长受到抑制，从而减产和降低枣果质量。灌水结合追肥进行。

（四）封冻水

在土壤封冻之前灌水，可提高土壤含水量，增强枣树越冬抗寒能力和翌年春天的抗旱能力。

灵武长枣可在降雨不足年份 8 月加灌果实着色水，9 月上旬灌白露水，以提高果品质量。冬水过后，耙平树盘或地面覆膜保持土壤含水量。

枣园灌溉遵循“前促后控”原则，在春季及夏季及时灌足水，8 月以后控制灌水，11 月初灌足冬水。

二、灌水方法

（一）地面漫灌

分大水漫灌、小畦灌和沟灌三种。目前宁夏引（扬）黄灌区的枣园，大多采用传统的大水漫灌。大水漫灌适用于每年早春催芽水和冬季封冻水，这两次灌水量要大，其他季节的灌水可采用小畦灌、

沟灌或各行交替灌溉，既可节约有效水资源，又能满足枣树生长对水分的生理需求，减少大水漫灌造成的肥料流失，降低生产成本，应积极推广。

（二）节水灌溉

有喷灌、滴灌、渗灌、管灌等方式。节水灌溉可作为枣树生长季灌水的有效补充，尤其是在灌溉条件不便的地区种植枣树，常因干旱缺水影响枣树生长、发育和果实产量、品质，必须根据土壤含水量和降雨情况，及时灌溉。同时，自然生草和树盘覆盖可对土壤水分起到平衡作用，尤其是对不能及时灌溉的枣园效果明显，所以在自然生草的枣园，在满足树体需求的情况下应尽量减少灌水。

节水灌溉还便于实现水肥一体化管理，生长季追肥可以结合滴灌进行，给水的同时给肥，但肥料应选用不同氮、磷、钾混合比的优质水溶肥或腐殖酸营养液，满足枣树不同生长期对不同元素的需求。

图 7-12　枣园花前灌水

第八章 病虫害监测防控

第一节 宁夏地区红枣主要病虫害

一、主要害虫

（一）绿盲蝽

绿盲蝽又称牧草盲蝽，能为害多种果树、蔬菜、牧草等经济作物，主要以若虫和成虫刺吸枣树的幼芽、嫩叶、花蕾及幼果的汁液为害，害虫在刺的过程中能够分泌毒素，在吸的过程中吸吮枣树的汁液。嫩绿、含氮量高的部位受害程度最重。因此，枣树幼芽、嫩叶、花蕾及幼果是其主要为害的部位。枣树幼叶受害后，先出现红褐色或黑色的散生斑点，斑点随叶片生长变成不规则的孔洞和裂痕，叶片皱缩变黄；顶芽受害，生长受到抑制，组织皱缩；被害枣吊不能正常伸展而呈弯曲状；花蕾受害后，停止发育，枯死脱落，重者几乎全部脱落；幼果受害后，先出现黑褐色水渍状斑点，然后出现隆起的小疱，造成果面栓死，严重时受害果僵化脱落，直接影响枣果的产量和质量，甚至造成绝收。

绿盲蝽在宁夏灵武枣区一年发生 4 ~ 5 代，主要以卵在枣树粗皮裂缝、抹芽摘心残桩、断枝和剪口处以及碱蒿等杂草枝内越冬，有时也可在枣园及附近的浅层土壤中越冬。当 3 ~ 4 月平均气温达

到 10℃以上，相对湿度高于 60％时，越冬卵开始孵化，先为害树下杂草。枣树发芽后即开始上树为害，4 月下旬至 5 月上中旬枣树萌芽期是为害盛期，主要为害枣芽、嫩叶。卵孵化期较为整齐，这也是枣树萌芽期受害较重的主要原因。绿盲蝽羽化后 6 ~ 7 d 开始产卵。5 月下旬后，随着气温升高，绿盲蝽主要在树下杂草上为害繁衍，树上虫口逐渐减少。非越冬代卵多散产在植物嫩叶、茎、叶柄、叶脉、嫩蕾等组织内，卵期 7 ~ 9 d。第二代在 6 月上旬出现，盛期为 6 月中旬，主要以成虫为害枣花及幼果。3 ~ 4 代分别在 7 月中旬、8 月中旬出现，7 月达高峰，主要在田间杂草上为害，对枣树危害较小。第五代成虫在 9 月中旬出现，继续在田间杂草或迁移至枣树上为害并产卵，以卵越冬。

图 8-1　绿盲蝽为害枣树

（二）枣叶壁虱

枣叶壁虱又名枣锈壁虱、枣树锈瘿螨、枣瘿螨、枣锈螨、枣壁虱、枣灰叶病等，属于蛛形纲蜱螨目瘿螨科，在宁夏主要以成螨和若螨刺吸为害枣、桃、杏等树种的芽、叶、花、蕾、果及绿色嫩梢等器官，尤以芽、叶、果受害最重。

枣树芽受害后，常延迟展叶抽条。叶片受害初期无症状，展叶后 20 d 左右基部和主脉部分先呈灰白色、发亮，约 40 d 后扩展至全叶，叶肉略微增厚，叶片变硬，叶缘两侧沿主脉向叶面纵卷合拢，使光合作用减退，严重时叶表皮细胞坏死，失去光合能力，整叶焦枯脱落，甚至造成二次萌叶。花蕾受害后不能开花，绿色部分渐变浅褐色，干枯凋落。花受害后雌雄蕊发育不良，造成落花落果。果实受害后常形成畸形果，靠果顶部分或全部果面出现褐色锈斑。

图 8-2　枣叶壁虱为害状

图 8-3 枣叶壁虱若虫

（三）枣桃小食心虫

枣桃小食心虫也叫桃小食心虫、枣蛆等，简称“桃小”，属鳞翅目蛀果蛾科，是对枣树危害最大的害虫。主要以幼虫蛀食枣果，在枣核周围及果肉中蛀食，并把虫粪积于枣核附近，致使枣果失去食用价值。幼虫多从果实中上部蛀入，果面上仅留一针孔状褐色小点；幼虫蛀入果心，在枣核周围蛀食果肉，边吃边排泄，核周围都是虫粪，虫枣外形无明显变化。后期虫枣出现片红，并稍凹陷皱缩，老熟幼虫从蛀孔一侧脱出，有的随虫枣脱落。

枣桃小食心虫在宁夏枣区一般一年发生 1 代，部分个体一年发生 2 代。枣桃小食心虫以老熟幼虫在树冠下 1 m 半径范围内的表土或储果场附近的土中结扁圆形茧越冬，世代重叠。越冬幼虫出土时间因地区、年份和寄主的不同而有差异，最早 5 月上中旬开始出土，延续到 7 月中下旬方结束，盛期在 6 月下旬至 7 月初。

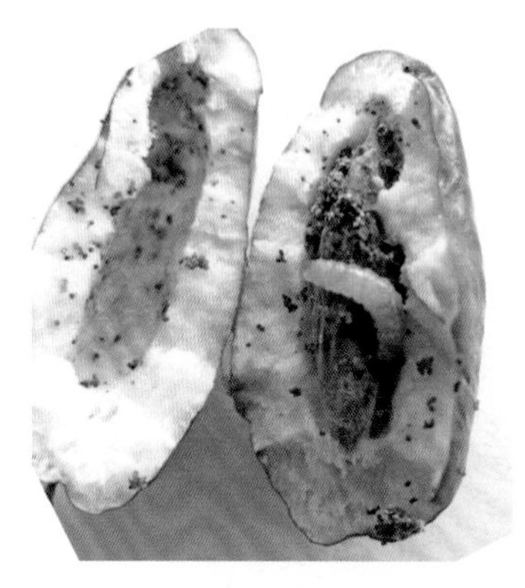
图 8-4　枣桃小食心虫为害枣果

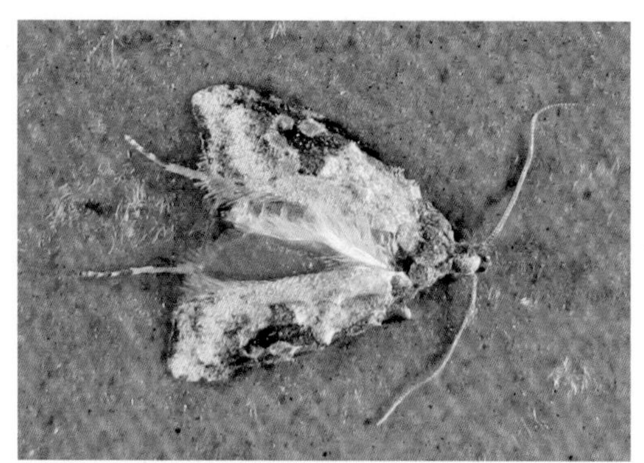
图 8-5　枣桃小食心虫成虫

（四）黄刺蛾

黄刺蛾别名刺蛾、洋辣子，幼虫俗称刺毛虫，属鳞翅目刺蛾科。该虫食性较杂，可为害枣、核桃等多种果树，毒毛刺人痛痒，是枣树的主要食叶害虫之一。2010 年在宁夏开始发现，属外来有害生物。

黄刺蛾在宁夏一年发生 1 代，8 月下旬至 9 月上旬老熟幼虫陆续在枝干上吐丝结茧越冬，翌年 5 月下旬开始化蛹，成虫 6 月中旬至 7 月中旬发生，具趋光性。

图 8-6　黄刺蛾成虫

图 8-7 黄刺蛾成虫及茧

（五）枣尺蠖

枣尺蠖属鳞翅目尺蠖蛾科。枣尺蠖以幼虫为害枣、苹果、梨的嫩芽、嫩叶及花蕾，严重发生的年份，可将枣芽、枣叶及花蕾吃光，不但造成当年绝产，而且影响翌年产量。

枣尺蠖一年发生 1 代，少数以蛹滞育一年而两年 1 代。枣尺蠖以蛹在土中 5 ~ 10 cm 处越冬。翌年 3 月下旬开始羽化。成虫飞翔能力较强，白天活动，取食枣花、枣叶、枣吊等补充营养，卵多散产于直径 3 cm 以下、1.5 cm 以上生长势衰弱的枝干或修剪下来的半干树木枝条上，并集中产卵于枝干的皮孔周围和枝杈基部等处。

图 8-8　枣尺蠖幼虫

（六）枣瘿蚊

枣瘿蚊又名枣叶蛆、卷叶蛆、枣蛆，属双翅目瘿蚊科，以幼虫为害枣树嫩芽、嫩叶、花蕾和幼果。嫩芽被害后，由绿色变为浅红色或紫红色，皱缩变为筒状，不能伸展，质硬而脆，后期卷叶多为褐绿色，不久渐变黑并枯萎，叶柄形成离层而脱落。嫩叶被害后，由于幼虫吸食表面汁液，受害叶沿叶面反卷呈筒状。花蕾被害后，花萼膨大，不能展开。幼果受蛀后不久变黄脱落。

枣瘿蚊在宁夏枣区一年发生 4 ~ 5 代，以老熟幼虫在浅土层内结茧或化蛹越冬。越冬代成虫于 5 月上旬开始产卵为害枣树，嫩叶卷曲成筒状，第一代幼虫为害高峰期在 5 月上中旬，一片叶片有幼虫 5 ~ 15 条，被害叶枯萎脱落，老熟幼虫随枝叶落地化蛹。孵化高峰期在 5 月中旬枣树始花期。5 ~ 6 月大量发生，危害最重。老熟的末代幼虫于 8 月下旬开始陆续入土结茧越冬。一般幼树及低矮植株受害较重。

图 8-9　枣瘿蚊为害状

（七）枣桃六点天蛾

枣桃六点天蛾俗称桃天蛾、桃六点天蛾、枣天蛾等，属鳞翅目天蛾科。枣桃六点天蛾除为害枣树外，还可为害桃、杏、李、樱桃、苹果等果树及豆类植物。在宁夏主要分布在中卫、中宁、同心等地，以幼虫啃食枣叶为害。其幼虫体形大，食量大，常逐枝吃光叶片，只留下脱落性枝，严重时可吃尽全树叶片，之后转移为害，从而造成枣园减产。

枣桃六点天蛾在宁夏枣区一年发生 2 代，以蛹在树冠下 5 ~ 10 cm 处松软的土壤中越冬，越冬代成虫于 5 月中旬至 6 月中旬出现。成虫具趋光性。卵多散产，卵期 7 ~ 8 d。第一代幼虫在 5 月下旬至 6 月中旬为害，严重时可吃光叶片。6 月下旬，幼虫老熟以后，入地做穴化蛹。7 月上旬出现第一代成虫。7 月下旬至 8 月上旬，第二代幼虫开始为害。9 月上旬，老熟幼虫钻入 4 ~ 7 cm 土内，从肛门排出大量褐色液体，通过身体蠕动做成长 5 ~ 6 cm、宽 2 ~ 3 cm 内部光滑的土室（称土茧）化蛹越冬。

图 8-10　枣桃六点天蛾幼虫

（八）红缘天牛

红缘天牛也叫红缘亚天牛、红缘褐天牛、红条天牛，属鞘翅目天牛科。其寄主较多，主要为害枣树、刺槐、苹果、梨、沙棘等，也为害葡萄、枸杞、沙枣等。据调查，在灵武枣区主要以幼虫蛀食直径 1 ~ 5 cm 粗的 1 ~ 3 年生衰弱枝条、修剪下的枝条或幼树枝干皮层及木质部，以成虫为害枣树花蕾、花朵、叶片等。一般初孵幼虫先蛀食枣树韧皮部与木质部之间，后渐蛀入木质部，多在髓部为害，严重的常把木质部蛀空，残留树皮，横向切断树木营养的输送通道，从而导致树木干枯、风折。幼虫在枝条内为害，排粪孔很小，排出物呈细粉末状，因此，外表不易看到被害处。为害初期虫道纵向延伸，在木质部出现柱形虫道，随着虫口密度的增加，进而形成倾斜的环状虫道，虫道发生交错。枝条经多次感虫后几乎全

部被蛀空，严重破坏了枣树枝条养分、水分的输导组织，致使受害枝甚至整个树体生长势衰弱。

红缘天牛在灵武枣区一年发生 1 代，跨 2 个年度，幼虫共 5 龄，世代发育整齐，每年出现一次成虫。红缘天牛以幼虫在受害枝木质部深处蛀害隧道端部或接近髓心处越冬。次年春季 3 ~ 4 月树体萌动后幼虫恢复活动开始蛀食为害，在皮层下木质部钻蛀扁宽虫道，将粪屑排在孔外。4 月上旬至 5 月上旬为化蛹期，5 月上旬至 6 月上旬为羽化期，羽化成虫咬直径为 3 mm 左右的圆形羽化孔爬出，羽化后随即交尾产卵。

图 8-11　红缘天牛

（九）梨圆蚧

梨圆蚧在宁夏老枣区常与枣大球蚧、枣粉蚧混合发生，多以成虫、若虫群集吸附在枣树苗木、幼龄树干和盛果期枣树的 1 ~ 3 年生枝条上刺吸汁液；夏秋季可蔓延至叶片和枣果上为害。枣树受害后，树势衰弱、发芽晚、枝条干枯，甚至整株死亡；果实受害后蚧壳吸附于枣果表面，使果面呈现凹陷状，严重影响果品外观与品质。

梨圆蚧在宁夏枣区一年发生 2 ~ 3 代，有世代重叠现象。梨圆蚧多以 1 ~ 2 龄若虫固着于蚧壳，在 1 ~ 3 年生枝条或幼树主干上越冬。翌年 3 月中下旬，气温回升，树液开始流动后，越冬若虫开始取食，5 月下旬成虫交配产卵，6 月上中旬出现第一代若虫；7 月中下旬第二代成虫老熟交配、胎生若虫，8 月第二代若虫出现后，世代重叠现象严重；8 月下旬，又有老熟羽化成虫交尾，9 月出现第三代若虫；10 月底以 1 ~ 2 龄若虫越冬。

图 8-12　梨园蚧为害叶片

图 8-13　梨园蚧

二、主要病害

（一）黄叶病

1. 症状诊断

黄叶病主要在叶片上表现出明显症状，尤以新梢叶片及顶部叶

片最易受害。初期叶肉呈黄绿色，叶脉基本还保持绿色，病叶呈绿色网纹状；随病情发展，叶肉变为黄白色甚至白色，细支脉亦变为黄白色至白色，仅主脉稍显绿色；严重时，病叶全部变白，甚至从叶缘开始焦枯。黄叶病多从顶部叶片开始发生，逐渐向下蔓延，有时整个侧枝叶片全部发病。而且，黄叶病病叶易受褐斑病危害。

2. 发生特点

黄叶病是一种生理性病害，由可溶性二价铁供应不足引起。土壤盐碱过重、板结、石灰质偏高、化肥施用过量等因素是诱发该病的根本原因，根部、枝干病虫害及土壤过旱、过涝均可加重该病的发生。

图 8-14　枣树黄叶病

图 8-15　黄叶病与褐斑病共同发生

（二）裂果病

1. 症状诊断

裂果病主要在果实上表现出症状，一般果实白熟期开始发生，多在果面上产生不规则裂缝或裂纹。果实开裂后品质下降，失去商品价值。有时在裂缝处诱发杂菌感染，导致果实腐烂。

2. 发生特点

裂果病是一种生理性病害，果实白熟期高温、多雨（灌水）、果皮变薄是导致该病发生的主要因素。前期土壤干旱、后期多雨致使土壤水分不平衡等可加重该病发生；开花期多次喷施赤霉素、坐果量过大、果实缺钙等也可加重裂果病发生；

图 8-16　灵武长枣裂果病

施肥、用药不当，管理粗放、土壤板结的枣园，裂果病发生加重。

（三）枣疯病

1. 症状诊断

枣疯病是枣树的毁灭性病害，表现为枝叶丛生，由花器返祖和芽的不正常萌发所致；病枝纤细，节间变短，叶小而萎黄。病枝一般不结果。病树健枝能结果，但其所结果实大小不一，果面凹凸不平，着色不匀，果肉多渣，汁少味淡，不堪食用。

2. 发生特点

目前研究认为枣疯病的病原主要是植原体。人工嫁接，无论是用病株做砧木或接穗，还是芽接、切接、皮接或根接，都能传病，但不会成为自然传病的主要途径。枣树品种间对枣疯病的抗病性有明显差异。地势较高、土地瘠薄、肥水条件差的山地枣园病重，而土壤肥沃、肥水条件好的平原和近山枣园病轻；管理粗放、杂草丛生的枣园病重，而管理精细、田间清洁的枣园病轻。

图 8-17　灵武长枣枣疯病

第二节　主要病虫害监测技术

一、枣桃小食心虫预测预报

（一）越冬幼虫出土期预测

越冬代幼虫出土的时间与土壤湿度、气温密切相关，晴天和雨后或灌水后湿度适宜，温度在 21℃ ~ 27℃，相对湿度在 75% 以上，则出土量大增，且成虫活跃，有利于交尾、产卵、繁殖；高温、干燥对成虫的繁殖不利，长期下雨或暴风雨抑制成虫的活动和产卵。当土壤含水量达到 10% 左右时（或 6 月中下旬至 7 月降雨或浇水后），越冬幼虫连续 3 d 出土，且数量有所增加，7 d 后即为药物封闭地面的防治适期。

（二）成虫发生期预测

1. 监测

采用性诱剂诱捕成虫。在上年枣桃小食心虫发生严重的枣园，于 5 月中下旬在田间挂 5 ~ 10 个“桃小”性诱剂诱捕器，每天检查 1 次，统计诱蛾量。多年研究发现，枣桃小食心虫越冬代成虫始见期、始盛期和高峰期与枣园温度、湿度、降雨量显著相关。

2. 预报

一般 6 月下旬在雨后和灌水后数天内即可出现成虫羽化高峰，诱蛾高峰出现 1 周（一般 6 月下旬至 7 月上旬）后即为树上喷药的最佳时期。

二、枣叶壁虱预测预报

枣叶壁虱一年发生 10 代左右，以成虫在枣股芽鳞内越冬。一般采取寄主物候期结合显微镜测报法。

（一）监测

11 月选当年发生较严重的枣树 3 ~ 5 株，从树冠东、西、南、北方位分别剪取 20 ~ 30 cm 长的枝条 3 ~ 5 根，于室内双目解剖镜下观察越冬群落数量，预测翌年发生趋势。4 月下旬，即枣树开始发芽，选代表树 2 ~ 3 株，各挂牌标记 50 ~ 100 个枣股，用 30 倍放大镜观察出蛰期与出蛰量，同时记录枣芽长度，叶片展开后，观察记录单叶虫口数。

（二）预报

一般枣树芽长到 2 ~ 3 cm 时，枣叶壁虱达出蛰期，单叶平均 0.6 头，可作为经济防治指标的临界值，需立即进行化学防治。

三、桑褶翅尺蠖预测预报

桑褶翅尺蠖预测预报可采用物候期结合生命历期测报法进行，其卵孵化指示物为榆树花。根据田间初步观测，结合室内饲养，绘制桑褶翅尺蠖生命历期表（表 8–1），并结合物候期观测和历年监测数据，得出：桑褶翅尺蠖卵的孵化与榆树开花期密切相关，即当年榆树上榆钱出现时，桑褶翅尺蠖卵开始孵化。生产上可据此和桑褶翅尺蠖生命历期表中桑褶翅尺蠖各龄期的发育时间安排防

表 8–1　桑褶翅尺蠖为害灵武长枣自然种群生命历期

世代	3 月			4 月			5 月			6 月至翌年 2 月
	上旬	中旬	下旬	上旬	中旬	下旬	上旬	中旬	下旬	
越冬代	⊙⊙⊙	⊙⊙⊙	⊙⊙⊙	⊙⊙⊙	⊙⊙	⊙				
		▲▲	▲▲▲	▲▲	▲	▲				
第一代			◦◦	◦◦◦	◦◦	◦				
				~~	~~~	~~~	~~~	~~	~	
							⊙	⊙⊙⊙	⊙⊙⊙	⊙⊙⊙

注：⊙—越夏、越冬蛹；▲—成虫；◦ —卵；~— 幼虫。

控。一般幼龄幼虫危害小，对药物敏感，易防治，是化学防控的关键期。

图 8-18　桑褶翅尺蠖幼虫

第三节　病虫害综合防控技术

坚持“预防为主，科学防控，依法治理，促进健康”的原则，在监测预警的基础上，按照有害生物发生发展规律，以农业防控为基础，优先采用生物防控，创造有利于枣树生长的环境条件，综合协调利用物理、化学等无公害防控技术，把灵武长枣有害生物造成的损失控制在“有害不成灾”的经济阈值之内，使枣果农药残留量控制在国家规定的范围之内，达到优质、高效、无害的目的。特别是在化学防控中要重点抓好枣树休眠期、虫害发生初期、虫体裸露期、转移为害期的防控，要注意按照监测预报结果在有害生物大规模发生前的3～5 d提前进行防控，要经济、安全、科学地施用高效、低毒、低残留的无公害农药。

一、枣树休眠期（11月至翌年3月）

在封冻前，拣拾虫枣，深翻树盘，浇封冻水，消灭在土中越冬的枣尺蠖、枣桃小食心虫、枣瘿蚊等害虫。

用刮刀将枣树主干、大枝及其分叉处的老翘皮、虫蛀皮等刮除后连同冬剪时剪下的病虫枝、枯死枝、损伤枝、虫茧及清扫出的枣园枯枝落叶和诱虫草把等集中烧毁处理。

刮皮后用石灰、食盐和水按 2 ∶ 1 ∶ 200 的比例配制成石灰盐水涂抹树干杀菌防寒，或喷高浓度羧甲基纤维素，或刷石硫合剂渣液，防止冻害、鼠兔啃咬和抽干，并结合涂白，刷除树枝上越冬的枣大球蚧、梨圆蚧等。

3 月中下旬在距地面 30 cm 树干处绑 10 cm 宽的环状塑料薄膜带，并在塑料薄膜带下方绑一圈草绳，每半个月换 1 次草绳，将换下的草绳烧掉，阻止春尺蠖雌蛾、金龟子、枣芽象甲、红蜘蛛等害虫上树为害。

对枣大球蚧和梨园蚧为害严重的枣园，可在修剪时使用麻布、涂胶手套等工具在树体上就地抹除蚧壳，杀灭越冬雌成虫。

增施有机肥，提高树体营养水平；合理进行整形修剪，培养和调整骨架结构。也可通过控制氮肥施用量，抑制植食叶螨、蚜虫等有害生物的繁殖。

二、枣树萌芽前（4月）

对树体喷洒 3 ～ 5 波美度石硫合剂，或在枣树萌芽初期对树体喷洒 0.5 波美度石硫合剂，杀灭枣大球蚧、梨圆蚧、枣叶壁虱、叶螨等有害生物越冬虫态。

三、枣树萌芽期（5月上旬）

对树体喷洒 5％吡虫啉 1 500 ～ 2 000 倍液，或 1.2％苦・烟乳油 800 倍液，防治枣尺蠖、枣瘿蚊、枣大球蚧、梨圆蚧、绿盲蝽；老枣园在枣树萌芽后至开花前，对树体喷洒 5％ 顺式氰戊菊酯乳油

图 8-19 熬制石硫合剂

1 500 倍液 +0.4％硫酸亚铁溶液 + 抗雷菌素“120”100 ~ 250 倍混合液，防治枣尺蠖，预防枣树缺铁症等。

四、开花坐果期至果实膨大期

5 月下旬至 6 月上旬，根据监测预报，对树体喷洒森得宝 1 500 ~ 2 000 倍液，或 1.2％苦・烟乳油 800 ~ 1 000 倍液，防治绿盲蝽、枣叶壁虱和枣瘿蚊。

6 月中旬，根据监测预报，在上年枣桃小食心虫发生严重的枣园，先用旋耕机将全园中耕后，用 50% 辛硫磷乳油 200 ~ 300 倍液在树盘下或全园内进行地面喷洒，并用钉耙仔细耙耱，使地面形成约 1 cm 厚的药土层，杀灭越冬枣桃小食心虫幼虫。

6 月下旬，是枣大球蚧、梨圆蚧初龄若虫期，对树体喷洒 5％啶虫脒 1 000 ~ 1 500 倍液进行防治，杀灭初孵化的若虫，还可兼治枣叶壁虱、枣瘿蚊、红蜘蛛等。

7 月上旬，对上年枣桃小食心虫虫果率较高的枣园，在成虫出现高峰后 7 d 左右对树体喷洒 1.2％苦・烟乳油 800 ~ 1 000 倍液，

或 5% 顺式氰戊菊酯乳油 1 500 ～ 2 000 倍液，或 2.5% 三氯氟氰菊酯乳油 1 500 ～ 2 000 倍液开展防治。

7 月下旬至 8 月上中旬，根据监测预报，对树体喷洒 1.2% 苦・烟乳油 800 ～ 1 000 倍液，或 3% 克菌清 800 倍液 + 森得宝 1 500 倍液 + 0.3% 磷酸二氢钾 + 0.3% 尿素混合液，防治绿盲蝽、枣叶壁虱，防控缩果病，兼治枣瘿蚊、红蜘蛛等。

五、果实着色脆熟期（9 月中下旬）

根据虫情监测和天气预报，对幼龄期枣园树体和行间杂草喷洒 1.2% 苦・烟乳油 800 ～ 1 000 倍液，或 2.5% 氯氰菊酯乳油 1 500 ～ 2 000 倍液，防治大青叶蝉。秋季多雨量年份，在雨后对树体喷洒 2 次 300 ppm 氯化钙水溶液，防止裂果病的发生。

第九章 提高灵武长枣品质的主要措施

一、品质下降的主要原因

（一）枣园投入不足

受长枣销售市场份额下滑的影响，种植效益低下，加之鲜果优质优价不明显，枣农重产量、轻质量，枣园投入明显不足，管理粗放，水肥管理不科学，造成枣树树体结构紊乱、营养不良，树势偏弱，鲜果品质下降，形成恶性循环，严重影响灵武长枣优质高效生产。

（二）不施有机肥或施肥管理不按标准执行

枣园施肥盲目，施肥时间、施肥量、肥料配比不按照标准执行，部分枣农图省事，轻施有机肥、重施化肥现象严重，部分枣园连续多年不施有机肥，氮肥使用过量，对枣果品质影响较大。

（三）区域差异与栽培技术不匹配

灵武长枣鲜果对水肥敏感，在灵武长枣适栽区，要根据区域条件配套相应的栽培措施科学栽培，才能提升鲜枣品质，老灌区土地灌水过多、干旱沙地灌水过少，都会显著影响鲜果品质。

（四）采收过早或采收方法不当

灵武长枣不宜过早采收。根据多年的验证，灵武长枣正常的采收成熟度要求果面 70% 以上着色。低于 70% 的鲜枣口感差、含糖量低、品质下降。同时，灵武长枣果皮脆且薄，极易碰伤，必须人

工采摘且轻拿轻放，其他方式采摘均影响枣果品质。

（五）品种退化

灵武长枣品系选优与良种采穗圃建设不匹配，专业化优良品种采穗圃建设滞后。同时，近年来，为解决基地扩大规模对苗木的需求，多采用酸枣嫁接繁育苗木，根蘖苗繁育滞后，出现长枣品种混杂、品质下降的现象。

二、提升措施及建议

（一）提升措施

1. 优化布局，分类施策

优化灵武长枣区域布局，重点推进引黄灌区优质精品灵武长枣产业带、扬黄灌区沙地优质灵武长枣产业带、庭院防护林灵武长枣产业带提升工程，改造、提升、扩大精品长枣基地规模，突破沙地优质长枣栽培技术瓶颈，带动庭院长枣规范化发展，进一步优化长枣的分布区域，对不适合种植灵武长枣的基地改接其他经济品种；同时在灵武市建设灵武长枣优系良种采穗圃，提供纯正种苗。

2. 强抓示范，标准化栽培

强抓不同区域灵武长枣标准化示范园建设，以提质增效为核心，从国有林场、专业合作社、大户入手，推广科学整形修剪技术，配套枣园生草、增施有机肥、科学控灌、病虫害综合防治、适时采收、贮藏保鲜等标准化生产管理技术，实现丰产、优质、高效的目标，发挥示范带动作用，逐步引导枣农标准化生产。自治区财政产业切块资金重点支持灵武长枣示范园建设和低产低质枣园的改造提升，重点对树形改造、增施有机肥等方面给予支持。

3. 强化服务，集约化发展

发挥龙头和长枣协会带动作用，提高枣农组织化程度。打破灵武长枣一家一户的分散经营管理模式，形成协会 + 企业 + 农户的组织化形式，引导、扶持协会增强社会化服务能力，推广统防统治及全方位的技术信息服务，统一产品质量和生产技术标准，加强自律，强化品牌意识，引导枣农标准化生产，全面提升枣树管理水平，提升灵武长枣品质和产量。

（二）建议

自治区及主产市（县）要进一步加强灵武长枣宣传推介和市场开拓工作。

主产市（县）要建立科学的良种苗木繁育体系，开展灵武长枣品种选优，优中选优，建立专业化优良品种采穗圃，为低劣品种枣园高接换头和培育良种苗木奠定基础。同时，推进良种根蘖苗繁育，推广使用良种根蘖苗建园。

建议自治区及灵武市主管部门组织灵武市相关部门、长枣企业、协会等经营管理及技术骨干到国内红枣主产省区考察学习，借鉴外省成功经验。

自治区相关科研院所开展灵武长枣选优及鲜果贮藏保鲜研究，为灵武长枣品种提升提供科技支撑。

推进主产市（县）灵武长枣产业社会化服务体系建设，面对市场，服务枣农，发挥灵武长枣协会作用，建立实体化、股份制、利益捆绑制的社会化服务组织，加强自律，强化灵武长枣品牌、品质意识，建立标杆示范园，引导长枣产业健康持续发展。

图 9-1 灵武长枣鲜果分选

图 9-2 人工采摘

图 9-3　全区灵武长枣冬季修剪技术培训

图 9-4　夏季修剪培训

参考文献

1. 曲泽洲 . 果树栽培学各论(北方本)[M]. 第二版 . 北京: 农业出版社, 1994.
2. 刘廷俊, 雍文, 赵世华 . 枣树栽培实用技术[M]. 银川: 宁夏人民出版社, 2007.
3. 李英武, 张全科 . 宁夏林木良种[M]. 银川: 阳光出版社, 2018.
4. 杨斌, 辛永清, 李楠, 等 . 枣树窄纺锤形修剪试验[J]. 中国果树, 2010(3).
5. 赵秀田, 孔令香 . 枣树自由纺锤形整形技术[J]. 河北果树, 1997(4).
6. 张希清, 郑永进, 申海莲 . 密植枣树自由纺锤形整形技术[J]. 山西果树, 1999(2).
7. 李茂昌, 王连捷, 赵景秀, 等 . 枣树的树体结构调查初报[J]. 华北农学报, 1965(3).
8. 吴优赛, 张希盛 . 探讨义乌大枣幼树树体结构与负载量的相关性[J]. 浙江林业科技, 1989(4).
9. 范玉贞, 孙焕顷 . 枣园生草对土壤养分及枣树生理的影响[J]. 现代农村科技, 2010(17).
10. 曹书雄, 曹书琴, 曹荣保, 等 . 实行枣园土壤生草制管理试验示范研究[J]. 陕西农业科学, 2010(1).
11. 马国辉, 曾明, 王羽玥, 等 . 果园生草制研究进展[J]. 中国农学通报, 2005(7).

附录 1

DB64

宁夏回族自治区地方标准

DB64/ T 1051—2014

灵武长枣自由纺锤形整形修剪技术规程

2014 - 12 - 19 发布　　　　2014 - 12 - 19 实施

宁夏回族自治区质量技术监督局　发布

前 言

本标准的编写格式符合 GB/T1.1—2009《标准化工作导则　第 1 部分：标准的结构和编写》的要求。

本标准由宁夏葡萄花卉产业发展局提出。

本标准由宁夏回族自治区林业厅归口。

本标准主要起草单位：宁夏葡萄花卉产业发展局、宁夏红枣协会。

本标准主要起草人：张国庆、李国、唐文林、何生、牛锦凤、史宽、张静艳、王玉峰、杨学鹏。

灵武长枣自由纺锤形整形修剪技术规程

1　范围

本标准规定了灵武长枣自由纺锤形整形修剪技术的术语和定义，建园、整形修剪、主枝培养及更新方法等。

本标准适用于宁夏引（扬）黄灌区灵武长枣密植栽培整形修剪。

2　规范性引用文件

下列文件对于本文件的应用是必不可少的。凡是注日期的引用文件，仅注日期的版本适用于本文件。凡是不注日期的引用文件，其最新版本（包括所有的修改单）适用于本文件。

DB64/T 418—2005　灵武长枣栽培技术规程

3　术语和定义

下列术语和定义适用于本标准。

3.1　自由纺锤形

干高 60 cm，树高 3 m，冠幅 2.2 ～ 3 m，中心干强壮、直立，其上均匀、错落着生 10 ～ 12 个主枝，单轴延伸。主枝间距 10 ～ 20 cm，基部 4 个主枝可以临近着生。下部主枝长 1.7 ～ 1.9 m，中上部主枝长 1.5 ～ 1.7 m，上小下大，外观呈纺锤形。主枝水平生长，基角 50° ～ 90° ，腰角 90° ，梢角 70° ～ 80° 。

3.2　刻芽

萌芽前，在芽上 0.5 ～ 1 cm 处，用小钢锯在树干上与树干垂直横拉一锯，深达木质部。

3.3　拉枝

对着生方位和角度不当的枝，拉枝开角，使其与主干角度接近

90°，呈水平生长。

3.4　缓放

在主干上培养单轴延伸的主枝，对新梢轻剪甩放，依靠主枝顶端上的主芽自然萌发，形成枣头向前延伸。

3.5　主枝单轴延伸

培养的主枝上不留侧枝，直接着生结果枝组，以主枝干为轴向前延伸。

3.6　枝干比

主枝与着生主枝的主干直径的比值。

4　建园

4.1　园地选择

土壤肥沃、地下水位低于 1.5 m、排灌方便、交通便利的引（扬）黄灌区。

4.2　苗木选择

主干明显、地径≥ 2 cm、主根长度≥ 30 cm、根幅≥ 30 cm 的苗木，嫁接苗、根蘖苗均可。

4.3　密度

株行距 3 m ×4 m 或 2 m ×4 m。

4.4　培肥整地

上一年秋季进行整地，按照株行距定点放线，穴深、宽各 80 cm，穴底施入 20 cm 秸秆，施入 2 000 ~ 3 000 kg/667 m^2 腐熟有机肥，将表土与有机肥充分混合施至 40 cm 厚，最后用表土填平，灌水沉实，穴面与地面相平。

4.5　栽植

栽前将苗木根系浸泡一昼夜，拉线定植，将苗木扶正、踩实。定植方法按照 DB64/T 418—2005 规定执行。

4.6 栽后管理

待土皮发白时，树盘覆膜或沿树行通条覆膜，覆膜宽度 1 ~ 1.2 m，行间可间作低矮夏收作物或西瓜、土豆等。定植 15 ~ 20 d 后灌第二次水，以后每月灌 1 次水。6 月中下旬苗木成活后结合灌水株施尿素 50 g。

5 整形修剪

7 年形成标准自由纺锤形树形，具体见附录 A。

5.1 定植当年整形修剪

定植后定干高度 80 cm，疏除所有分枝。萌芽后及时抹芽定枝。主干上部留 20 cm 整形带，培养新枣头 3 ~ 4 个，抹除并生枝。当年新生枣头不摘心、不拉枝、不拿枝。

5.2 第二年整形修剪

5.2.1 第二年春季修剪

萌芽前，在中干上留一个直立健壮的枣头培养成中心干，进行轻短截（堵截）。如中心干枣头生长较弱，粗度小于 1 cm 时，进行重短截，继续延长生长；对下部侧生枝枣头粗度大于 0.5 cm 的留 5 cm 短截，枣头粗度小于 0.5 cm 的留 1 cm 极重短截，并在芽上方 1 cm 处进行刻芽。当年培养第一轮主枝 4 个，主枝不足 4 个时，下年继续培养。

5.2.2 第二年夏季修剪

抹除中干上一年生二次枝萌发的枣头；在主干下部距地面 60 cm 处开始选留间距 5 ~ 10 cm、方位角 90° 新枣头 4 个，其余抹除。对预留的新枣头不摘心、不拿枝。

5.3 第三年整形修剪

5.3.1 第三年春季修剪

萌芽前，上一年培养出的第一轮主枝全部拉成水平状。对长度达到 1.7 m 以上、二次枝数量达到 15 ~ 20 个的主枝破头封顶（摘除顶芽），长度小于 1.7 m 的主枝，缓放修剪，自然延伸长度。疏除中干顶端第一个二次枝，其余二次枝缓放不动，暂不培养新主枝。

5.3.2　第三年夏季修剪

抹除第一轮主枝及中干二次枝上萌发的新枣头。

5.4　第四年整形修剪

5.4.1　第四年春季修剪

萌芽前，第一轮缓放修剪的主枝破头封顶；在距第一轮主枝 20 cm 处开始，间隔 10 ~ 20 cm 留 1 节螺旋上升短截主干中部 3 年生的二次枝 5 个，培养第二轮主枝；树体高度达到 3 m 以上的中干延长头轻短截（堵截），其余一年生二次枝进行缓放。

5.4.2　第四年夏季修剪

对预培养的第二轮主枝抹芽定枝，留壮去弱，当年不拉枝、不拿枝、不摘心，自由生长。抹除第一轮主枝及中干上缓放的二次枝上新萌发的枣头。

5.5　第五年整形修剪

5.5.1　第五年春季修剪

萌芽前，缓放第一轮主枝；将第二轮主枝拉成水平状，对长度达到 1.5 m 以上的主枝破头封顶，对长度小于 1.5 m 的主枝缓放修剪；树高控制在 3 m，选取 3 个螺旋上升排列的健壮二次枝，留 1 个枣股重短截，促发枣头培养第三轮主枝；疏除中干中部第二轮主枝间直接着生的所有二次枝。

5.5.2　第五年夏季修剪

对预培养的第三轮主枝抹芽定枝，留壮去弱，当年不拉枝、不拿枝、不摘心，自由生长。抹除第一轮、第二轮主枝及中干上缓放的二次枝上新萌发的枣头。

5.6 第六年整形修剪

5.6.1 第六年春季修剪

萌芽前，第一轮主枝继续缓放；对达到 1.5 m 长的第二轮主枝破头封顶；将培养出的第三轮主枝及主枝头拉成水平状，完成落头、固定树高。同样对长度达到 1.5 m 以上者破头封顶，长度小于 1.5 m 者缓放，使其自然延长；疏除中干上部第三轮主枝间直接着生的所有二次枝，形成自由纺锤形标准树形。

5.6.2 第六年夏季修剪

抹除第一轮、第二轮、第三轮所有主枝及中干上萌发的新枣头。

5.7 第七年后的整形修剪

通过抹芽、拉枝等方法维持丰产树形；对老化、衰弱主枝逐年轮流更新，每年更新主枝 1 ～ 2 个。休眠期在预备更新的主枝基部 10 cm 处背面进行刻芽，促其萌发新枣头培养成新主枝，次年将新主枝拉成水平状，原有衰老主枝锯除或暂留一年，待新主枝恢复产量后锯除。

附　录　A

（资料性附录）

灵武长枣自由纺锤形整形修剪示意图

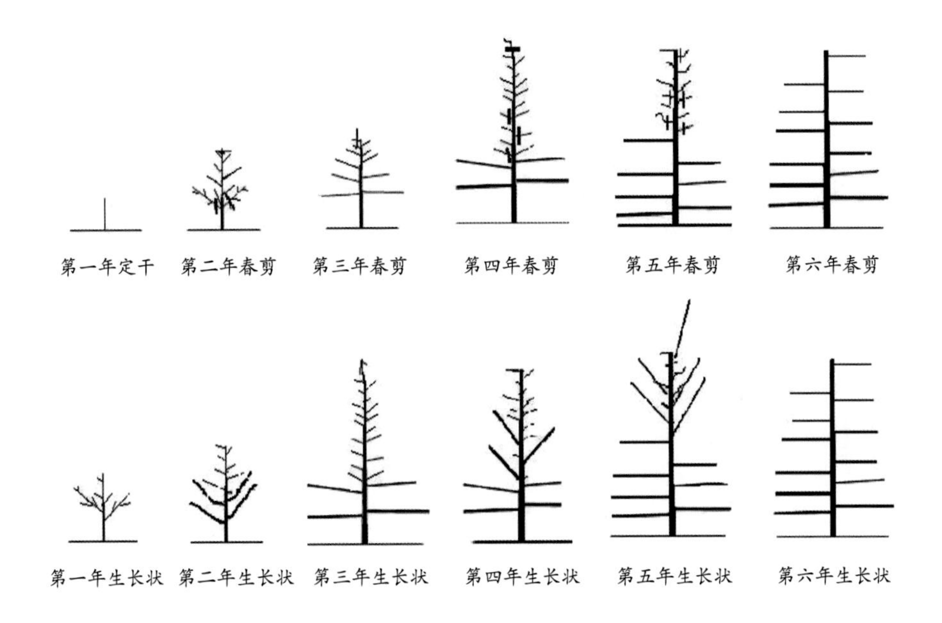

附录 2

DB64

宁 夏 回 族 自 治 区 地 方 标 准

DB64/ T 690—2011

灵武长枣促花保果技术规程

2011 - 03 - 24 发布　　　　2011 - 03 - 24 实施

宁夏回族自治区质量技术监督局　发布

前 言

本标准编写格式符合 GB/T1.1—2009《标准化工作导则　第 1 部分：标准的结构和编写》的要求。

本标准由宁夏回族自治区林业局和银川市科技局提出。

本标准由宁夏回族自治区林业局归口。

本标准主要起草单位：灵武市农林科技开发中心。

本标准参加起草单位：灵武市气象局、灵武市林业科研所、银川市气象局、灵武市绿源恒农业综合开发有限公司、灵武市林果协会、灵武市北沙窝林场。

本标准主要起草人：李占文、王东菊、李凤琴、龙友泉、蒋国勇、李红、杨双、芮长春、姜海峰、唐志涛、刘学贵、杨学鹏、马玉虎、孙慧芳、杨红娟、李立国、王少华、王春玲、马英忠。

灵武长枣促花保果技术规程

1　范围

本标准规定了灵武长枣促花保果的术语和定义、促花措施、保果措施及有害生物防治。

本标准适用于宁夏灵武长枣生产区。

2　规范性引用文件

下列文件对于本文件的应用是必不可少的。凡是注日期的引用文件，仅所注日期的版本适用于本文件。凡是不注日期的引用文件，其最新版本（包括所有的修改单）适用于本文件。

DB64/T 418—2005　灵武长枣栽培技术规程

DB64/T 531—2008　灵武长枣主要有害生物无公害防控技术规程

3　术语和定义

下列术语和定义适用于本标准。

3.1　花期

当花的各部分发育成熟时，从花朵开放，雌、雄蕊从花被中暴露出来，至完成传粉和受精作用，花朵凋谢的一段时间称花期。当5日滑动平均气温在19℃～20℃，平均每个枣吊开花4～6朵时，灵武长枣进入初花期；当5日滑动平均气温在22℃～25℃，60%花开放时，灵武长枣进入盛花期。

3.2　焦花

花期由于水分不足，空气过分干燥，枣花柱头含水量较少，易受干热风危害使柱头干焦的现象称焦花。

4 促花措施

4.1 施肥

4.1.1 施基肥

一般每 667 m^2 应施腐熟厩肥和沼渣等优质农家肥 2 500 kg 以上，最好与磷肥混匀发酵后使用，并且以秋施（10月中旬至11月上旬）为宜。

对于农家肥缺乏的枣园，可将杂草、秸秆切碎后进行覆盖，或种植绿肥植物后刈割压青，增加土壤有机质含量。

4.1.2 叶面喷肥

初花期：喷布尿素 + 磷酸二氢钾 + 氨基酸复合微肥。

盛花期：喷 50 ~ 60 倍沼液，或 0.05% ~ 0.2% 硼砂，或 200 ~ 300 mg/kg 稀土水溶液等，均可提高枣树坐果率。

枣果采收后（9 月下旬）：喷布 50 倍沼液，或 500 ~ 600 倍氨基酸复合微肥，或 200 ~ 300 mg/kg 稀土加 0.3% 磷酸二氢钾液。

4.1.3 树下追肥

结合灌萌芽水于 4 月下旬，在树盘施入氮、磷复合肥，或沼渣、沼液等有机肥。

4.1.4 灌水

每次施肥后必须灌水。4 月下旬至 5 月上旬灌头水（萌芽水），6 月上中旬新梢生长和花期灌二水（坐果水）。

4.2 树体调控

4.2.1 剪枝

冬剪时，剪去发育枝顶芽，疏除过密、交叉、重叠、细弱枝。

4.2.2 抹芽

4 月底 5 月初发芽后，新萌发的枣头枝，如不做主枝、结果枝组，主干、主枝延长头培养，则将其从基部抹掉。抹芽随时进行，做到及时、细致、多次。

4.2.3 摘心

摘心结合抹芽进行。枣头枝：主枝、主干延长头留5 ~7 个二次枝摘心，临时性结果枝组视空间大小留1 ~5 个二次枝摘心。二次枝：摘心程度视其在一次枝上的生长位置而定，一般留5 ~8 个枣股摘心。枣吊：一般枣吊留15 ~20 cm 摘心，木质化枣吊留40 ~50 cm 摘心。

4.2.4 开角

萌芽后，对角度开张不够的主枝、临时性结果枝组进行拉枝，主枝角度70° ~ 80° ，结果枝组90° ；6 月下旬至7 月，在新生枣头半木质化或木质化程度不高时进行拿枝，角度90° 。拉枝、拿枝时，可视枝组分布情况调整枝向。

4.2.5 化控

在枣吊长到 7 ~ 9 片叶时，针对旺长枣树，喷布 0.1% ~ 0.2% 的多效唑溶液 1 次。

4.3 喷水

盛花期，每隔 1 ~ 3 d 喷水 1 次，一般年份喷 2 ~ 3 次，严重干旱年份可喷 3 ~ 5 次。采用雾状喷雾器，以叶片湿润为宜。喷布时间：上午 9:00 以前，下午 7:00 以后，阴天全天均可进行。树体喷水宜结合田间灌水。

4.4 放蜂

初花期放蜂，一般每 667 m^2 放一箱蜂。

5 保果措施

5.1 留果

7 月中下旬生理落果后，坐果过多时要进行疏果，强壮树平均每枣吊留 2 ~ 3 个幼果，弱势树平均每枣吊留 1 个幼果。

5.2 树下追肥

6 月下旬至 7 月上旬（幼果膨大期）结合灌水追施沼渣、沼液，或氮、磷复合肥。

5.3　叶面喷肥

果实生长期，叶面喷施钾、铁、硼、钙、锌等多元复合肥，或喷施沼液等有机复合肥料，或喷氨基酸复合微肥 + 爱多收或富含铁、锌的多元微肥。

5.4　灌水

7 月中旬灌三水（果实发育），8 月灌四水（果实膨大），11 月灌足冬水。

6　有害生物防治

6.1　有害生物种类

灵武长枣开花坐果期可造成危害的害虫（螨）主要有：枣叶壁虱、红缘天牛、枣瘿蚊、红蜘蛛、桑褶翅尺蠖、枣桃小食心虫、枣大球蚧、梨圆蚧、红斑芫菁等 9 种。危害严重的病害主要有缩果病等。

6.2　有害生物防治

6.2.1　病害防治

生理性缩果病防治：5 月下旬以后，采用树下追肥、叶面喷肥等补充营养，采用抹芽、摘心等平衡营养的措施进行调控。

病理性缩果病防治：在 6 月中旬以后，喷布石灰倍量式波尔多液、农抗 120 等保护性杀菌剂开始预防。发病后，喷布农用链霉素和农抗 120 的混合液，每半月 1 次，连续 2 ~ 3 次。

6.2.2　虫害防治

灵武长枣开花坐果期病虫害种类较多，很多虫害同时发生。生产中，一定要在率先使用农艺防治、物理器械防治、生物防治的基础上，根据有害生物种类和危害程度、发生时期选择使用可兼防兼治的无公害生物农药进行统防统治。具体可参照 DB64/T 531—2008 进行。

附录 3

DB64

宁夏回族自治区地方标准

DB64/ T 531—2008

灵武长枣主要有害生物无公害防控技术规程

2008 - 11 - 27 发布　　2008 - 11 - 27 实施

宁夏回族自治区质量技术监督局　发布

前 言

本标准由宁夏银川市科学技术局、灵武市科技局、灵武市林业局提出。

本标准由宁夏林业局归口。

本标准主要起草单位：宁夏灵武市大泉林场、宁夏灵武长枣研究所。

本标准参加起草单位：灵武市林业局。

本标准起草人：唐文林、潘禄、张勤、李国民、赵树、伍梅霞、陈卫军、杨双、杨学鹏、杨秀芬、杨勇、官宗、李占文、唐自林、吴瑾、马林松、邓光娟、朱玉梅、赵迎春、王晓龙。

灵武长枣主要有害生物无公害防控技术规程

1 范围

本标准规定了灵武长枣主要有害生物种类、防控原则、防控措施和无公害灵武长枣卫生标准。

本标准适用于灵武长枣宁夏生产地区。其他枣生产区可参照执行。

2 规范性引用文件

下列文件中的条款通过本标准的引用而成为本标准的条款。凡是注日期的引用文件，其随后所有的修改单（不包括勘误的内容）或修订版均不适用于本标准，然而，鼓励根据本标准达成协议的各方研究是否可使用这些文件的最新版本。凡是不注日期的引用文件，其最新版本适用于本标准。

GB/T 5009.11 食品中总砷及无机砷的测定

GB/T 5009.18 食品中氟的测定

GB/T 5009.19 食品中六六六、滴滴涕残留量的测定

GB/T 5009.20 食品中有机磷农药残留量的测定

DB64/T 418 灵武长枣栽培技术规程

3 主要有害生物种类

枣叶壁虱（*Epitrimerus zizyphagus* Keifer）、桃小食心虫［*Carposina niponensis*（Walsingham）］、梨圆蚧［*Quadraspidiotus perniciosus*（Comstock）］、枣瘿蚊（*Dasineura datifolia* Jiang）、枣大球蚧［*Eulecanium gigantean*（Shinji）］、六星吉丁虫（*Agrilusmali Matsumura*）、枣尺蠖［酸枣尺蠖（*Chihuo sunzao* Yang），桑褶翅尺蠖（*Zamacra excavata* Dyar）］、红缘天牛（*Asias halodendri* Pallas）、

大青叶蝉［*Cicadella viridis*（Linnaeus）］、红蜘蛛［苹果红蜘蛛（*Panonychus ulmi* Kocr），苜蓿红蜘蛛（*Bryobia praetiosa* Kocr），山楂红蜘蛛（*Tetranychus vienensis* Zachar）］及灵武长枣缩果病、裂果病等。

4 防控原则

预防为主，科学防控，以法治理，促进健康，加强有害生物监测预报，以农业防治为基础，提倡物理防治和生物防治，按照有害生物的发生规律科学使用化学防治技术。严禁使用国家禁用的农药和未获准登记的农药。

5 防控措施

5.1 监测预警

建立灵武长枣主要有害生物监测防控体系。每 667 m^2 设立 1 个固定监测点，严格按照果树病虫测报调查方法，定点、定时对发生情况进行调查，及时发布有害生物预报，指导生产防治。

5.2 检疫检查

枣苗、枣树和枣果生长季节定期进行产地检疫。调运时，进行调运检疫，防止国家级检疫性有害生物枣大球蚧和宁夏补充检疫性有害生物梨圆蚧蔓延。对已受危害的苗木，在调运前抹除蚧壳，并用强渗透性苯氧威 100 倍药液浸泡苗木 1 ~ 5 min 后方可调运。

5.3 农业防控

栽培管理措施按照 DB64/T 418 进行。坚持清洁果园，减少初侵染源；合理整形修剪，改善树体结构，增强果树的抗病力；合理施肥，提高果树的抗病能力；合理间作，控制共生有害生物发生；严格疏花疏果，合理负载，保持树势健壮。

5.4 物理防控

5.4.1 诱集烧杀。3 月初至 4 月中下旬于树干距地面 30 cm 处绑

10 cm 宽的环状塑料薄膜带（或在树干上扎一层塑料裙带），并在塑料薄膜带下方绑一圈草绳，适时更换草绳，并将换下的草绳立即烧掉，阻止枣尺蠖雌蛾、黑绒金龟子、红蜘蛛等害虫上树和诱其产卵。秋季在树干上绑草把诱集越冬害虫在其中越冬，枣树落叶后取下草把带出园外深埋或集中烧毁。

5.4.2 人工捕杀。4 月末至 5 月上旬当尺蠖幼虫 1 ~ 2 龄时震摇树枝，使其吐丝下垂，人工杀灭；6 ~ 7 月，人工捕捉红缘天牛、六星吉丁成虫。

5.4.3 循孔刺杀。根据害虫排泄物痕迹，查找红缘天牛等蛀干害虫活虫孔，以铁丝、细螺丝刀等刺杀幼虫。

5.4.4 窒息灭杀。对于上年枣瘿蚊、枣桃小食心虫为害较重的果园，在 6 月上中旬越冬成虫出土前，在树冠投影内或全园地表覆塑料薄膜使越冬幼虫、茧和蛹窒息死亡。

5.4.5 树上抹杀。对大青叶蝉已产卵为害的幼树，用木棍碾压受害枝干，杀灭虫卵；对蚧壳虫采用麻布、硬毛刷等工具抹杀越冬雌成虫。

5.4.6 灯光诱杀。在枣园每 1 ~ 3 hm^2 悬挂 1 盏频振式杀虫灯或黑光灯，诱杀趋光性害虫。

5.5 生物防控

5.5.1 性诱剂诱捕。6 月上旬，在枣园内每隔 50 m 布置一个枣桃小食心虫性信息素诱捕器，测报兼诱杀成虫。

5.5.2 天敌利用。保护利用草蛉、瓢虫、捕食螨等天敌，控制叶螨、蚧壳虫等害虫。同时，注意保护和利用青蛙、蚂蚁、益鸟等天敌。

5.5.3 生物农药防控。6 月下旬，用 100 亿孢子 / 毫升的真菌性农药白僵菌、绿僵菌，配成浓度为 5 亿孢子 / 毫升的菌液对地面、树体喷洒 2 次，间隔时间 10 d，防治枣桃小食心虫。

5.6　化学防控

5.6.1　枣树萌芽前，对树体喷洒 3 ~ 5 波美度石硫合剂，或在枣树萌芽初期对树体喷洒 0.5 波美度石硫合剂，杀灭枣大球蚧、梨圆蚧、枣叶壁虱、叶螨等有害生物越冬虫态。

5.6.2　5 月上旬，对树体喷洒 5%吡虫啉 1 500 ~ 2 000 倍液，或 1.2%苦・烟乳油 800 倍液，防治枣尺蠖、枣瘿蚊、枣大球蚧、梨圆蚧；老枣园在枣树萌芽后至开花前，用 5% 顺式氰戊菊酯乳油 1 500 倍液 +0.4%硫酸亚铁溶液 + 抗雷菌素“120”100 ~ 250 倍混合液对树体喷洒，防治枣尺蠖，预防枣树缺铁症等。

5.6.3　开花坐果期至果实膨大期

5.6.3.1　5 月下旬至 6 月上旬，根据监测预报，对树体喷洒森得宝 1 500 ~ 2 000 倍液，或 1.2%苦・烟乳油 800 ~ 1 000 倍液，防治枣叶壁虱和枣瘿蚊。

5.6.3.2　6 月中旬，根据监测预报，在上年枣桃小食心虫发生严重的枣园，先用旋耕机将全园中耕后，用 50% 辛硫磷乳油 200 ~ 300 倍液在树盘下或全园内进行地面喷洒，并用钉耙仔细耙耱，使地面形成约 1 cm 厚的药土层，杀灭越冬枣桃小食心虫幼虫。

5.6.3.3　6 月下旬，枣大球蚧、梨圆蚧初龄若虫期，对树体喷洒 5%啶虫脒 1 000 ~ 1 500 倍液进行防治，杀灭初孵化的若虫等，同时还可兼治枣叶壁虱、枣瘿蚊、红蜘蛛等。

5.6.3.4　7 月上旬，对上年枣桃小食心虫虫果率较高的果园，在成虫出现高峰后 7 d 左右给树体喷洒 1.2%苦・烟乳油 800 ~ 1 000 倍液，或 5% 顺式氰戊菊酯乳油 1 500 ~ 2 000 倍液，或 2.5% 三氯氟氰菊酯乳油 1 500 ~ 2 000 倍液开展防治。

5.6.3.5　7 月下旬至 8 月上中旬，根据监测预报，对树体喷洒 1.2%苦・烟乳油 800 ~ 1 000 倍液，或 3%克菌清 800 倍液 + 森得宝

1 500倍液 + 0.3%磷酸二氢钾 + 0.3%尿素混合液，防治枣叶壁虱，防控缩果病，兼治枣瘿蚊、红蜘蛛等。

5.6.4 果实着色脆熟期

9月中下旬，根据虫情监测和天气预报，对幼龄期枣园树体和行间杂草喷洒1.2%苦·烟乳油800 ~ 1 000倍液或2.5%三氯氟氰菊酯乳油1 500 ~ 2 000倍液，防治大青叶蝉。秋季多雨量年份，在雨后对树体喷洒2次300 ppm氯化钙水溶液，防止枣裂果病的发生。

5.7 农药选择

根据防治对象的生物学特性和危害特点，允许使用生物源农药、矿物源农药，有限制地使用低毒有机合成农药，禁止使用剧毒、高毒、高残留农药。

5.7.1 允许使用的农药

生物农药有苏云金杆菌制剂（BT制剂）、拮抗菌制剂、鱼藤制剂、阿维菌素制剂、苦参碱制剂、烟碱制剂、浏阳霉素、多抗霉素、抗雷菌素“120”、春雷霉素、农用链霉素等。

特异性农药有吡虫啉系列农药、灭幼脲和除虫脲等。

5.7.2 限制使用的农药

高效低毒低残留杀虫剂有马拉硫磷、辛硫磷、5%顺式氰戊菊酯乳油、2.5%三氟氯氰菊酯乳油、氯氰菊酯等。

高效低毒低残留杀菌剂有瑞毒霉、杀毒矾、普力克、百菌清、甲基托布津、多菌灵、粉锈宁等。

5.7.3 禁止使用的农药

禁止使用的农药包括六六六、滴滴涕、毒杀芬、二溴氯丙烷、杀虫脒、二溴乙烷、除草醚、艾氏剂、狄氏剂、汞制剂、砷类、铅类、氟乙酰胺、甲胺磷、甲基对硫磷、对硫磷、久效磷、磷胺、甲拌磷、甲基异柳磷、特丁硫磷、甲基硫环磷、治螟磷、内吸磷、克百威、涕灭威、灭线磷、硫环磷、蝇毒磷、地虫硫磷、氯唑磷、苯线磷、三氯杀螨醇、氰戊菊酯等。（具体参见中华人民共和国农业部公告第 199 号）

5.8 农药使用原则

5.8.1 加强有害生物的监测预报，做到有针对性地适时用药，未达到防治指标不用药。

5.8.2 允许使用的农药，每种每年最多使用 2 次。最后一次施药距采收期间隔应在 20 d 以上。

5.8.3 限制使用的农药，每种每年最多使用 1 次。施药距采收期间隔应在 30 d 以上。

5.8.4 严禁使用禁止使用的农药和未核准登记的农药。

5.8.5 根据天敌发生特点，合理选择农药种类、使用时间和施用方法，保护天敌。

5.8.6 注意不同作用机理的农药交替使用和合理混用，以延缓病菌和害虫产生抗药性，提高防治效果。

5.8.7 严格按照要求浓度使用农药，施药力求全面均匀。

6 无公害灵武长枣卫生标准

6.1 检测方法

6.1.1 总砷及无机砷的测定

按 GB/T 5009.11 规定执行。

6.1.2 氟的测定

按 GB/T 5009.18 规定执行。

6.1.3 六六六、滴滴涕残留量的测定

按 GB/T 5009.19 规定执行。

6.1.4 有机磷农药残留量的测定

按 GB/T 5009.20 规定执行。

6.2 无公害灵武长枣卫生指标

无公害灵武长枣卫生指标应符合表 1 的规定。

表 1 无公害灵武长枣卫生指标

项目	指标 /mg · kg^{-1}	项目	指标 /mg · kg^{-1}
砷（以 As 计）	≤ 0.5	乐果	≤ 1
汞（以 Hg 计）	≤ 0.01	杀螟硫磷	≤ 0.4
铅（以 Pb 计）	≤ 0.2	倍硫磷	≤ 0.05
铬（以 Cr 计）	≤ 0.5	辛硫磷	≤ 0.05
镉（以 Cd 计）	≤ 0.03	百菌清	≤ 1
氟（以 F 计）	≤ 0.5	多菌灵	≤ 0.5
铜（以 Cu 计）	≤ 10	氯氰菊酯	≤ 2
亚硝酸盐（以 $NaNO_2$ 计）	≤ 4	溴氰菊酯	≤ 0.1
硝酸盐（以 $NaNO_3$ 计）	≤ 400	氰戊菊酯	≤ 0.2
马拉硫磷	不得检出	三氟氯氰菊酯	≤ 0.2
对硫磷	不得检出	氯菊酯	≤ 2
甲胺磷	不得检出	抗蚜威	≤ 0.5
久效磷	不得检出	三唑酮	≤ 1
氧化乐果	不得检出	克菌丹	≤ 5
甲基对硫磷	不得检出	敌百虫	≤ 0.1
克百威	不得检出	除虫脲	≤ 1
水胺硫磷	≤ 0.02	氯氟氰菊酯	≤ 0.2
六六六	≤ 0.2	三唑锡	≤ 2
DDT	≤ 0.1	毒死蜱	≤ 1
敌敌畏	≤ 0.2	双甲脒	≤ 0.5

附录 4

成龄枣树改良纺锤形树体改造技术

1　范围

本标准规定了成龄枣树改良纺锤形树体改造技术的术语和定义、改造更新对象、改造原则、预期目标、改造过程及关键技术、配套措施等。

本标准适用于宁夏引（扬）黄灌区成龄枣树密植园树体改造。

2　规范性引用文件

下列文件对于本文件的应用是必不可少的。凡是注日期的引用文件，仅所注日期的版本适用于本文件。凡是不注日期的引用文件，其最新版本（包括所有的修改单）适用于本文件。

GB 4285　农药安全使用标准

DB64/T 418—2005 灵武长枣栽培技术规程

DB64/T 1051—2014　灵武长枣自由纺锤形整形修剪技术规程

3　术语和定义

下列术语和定义适用于本标准。

3.1　改良纺锤形

干高 60 cm，树高 2.5 ~ 3 m，中心干强壮、直立，其上错落着生单轴延伸主枝 10 ~ 12 个。主枝间距 10 ~ 20 cm，基部 4 个主枝可以临近着生。主干下部主枝长 1.5 ~ 1.9 m，中上部主枝长 1.5 ~ 1.7 m，主枝水平生长，基角 50° ~ 90°，腰角 90°，梢角 70° ~ 80°，树体上小下大，外观呈纺锤形。

3.2　刻芽

萌芽前，在芽上 0.3 ~ 0.5 cm 处，用小刀或小钢锯垂直于树干横切一刀（或横拉一锯），深达木质部，促使隐芽萌发。

3.3　拉枝

对着生方位和角度不当的主枝，拉枝开角，使其与主干夹角达80° ~ 90° ，主枝呈水平或斜上生长。

3.4　主枝单轴延伸

主枝上不留侧枝，其上直接着生健壮二次枝，呈螺旋状分布，以主枝干为轴向前延伸，主枝头不短截，依靠主枝上的顶芽自然萌发，形成枣头自然向前延伸。

3.5　缓放

对单轴延伸主枝只进行抹芽和疏枝而不剪截的修剪手法。

3.6　枝干比

主枝与着生主枝的主干的直径比。

4　改造更新对象

改造更新对象为2 m × 3 m、2 m × 4 m、3 m × 4 m的密植成龄枣园，树龄6 ~ 12年，由于长期采用短截、重摘心的修剪手法，培养了基部大型主枝，主要依靠修剪来控制树冠，基部主枝粗大，角度不开张，枝干比小，导致树体结构混乱，整体树势不平衡，有效枣股数量少，主枝基部结果枝枯死、结果部位外移。

5　改造原则

5.1　改造以不影响产量为基本原则

以轻剪缓放、平衡树势为主，边结果边改造，确保当年产量，重点扶强主干，拉开枝干比，开张主枝角度，在主干上直接培养单轴延伸的主枝。采用强拉枝的方法，拉平主枝，确保当年产量。对拉不倒的主枝，采用重回缩的方法进行主枝更新，没有空间的主枝一律疏除，做到全树不留夹角枝，并在主干有效部位采用刻芽、重截二次枝等方法培养新主枝，补满树体空间。

5.2　分步实施，逐年改造的原则

根据树龄和树体大小，分 2 ～ 3 年完成树体改造。

5.3　因地、因园、因树制宜的原则

树势过旺的密植枣园，轻剪缓放，促进多结果，平衡树势；土壤肥力不足、树势较弱的枣园，采取重修剪的方法，促发健壮的新梢，并结合增施有机肥加强肥水管理，迅速增强树势，培养出理想树形。

5.4　关键技术与配套措施相结合的原则

改造过程中，采取伤口保护、夏季抹芽、花果管理、土肥水管理及病虫害防治等配套措施，确保当年产量和树体改造效果。

6　预期目标

6.1　群体指标

6.1.1　留枝量

每 667 m^2 留主枝 611 ～ 1 000 个，每 667 m^2 留二次枝（结果母枝）14 000 ～ 15 000 个，每 667 m^2 留有效枣股 90 000 个。

6.1.2　留果量

每 667 m^2 留 110 000 ～ 130 000 个果。

6.1.3　产量质量

改造当年每 667 m^2 产量 400 ～ 1 000 kg，改造后第二年产量 1 000 ～ 1500 kg，改造三年后产量保持在 1 500 ～ 1 700 kg，优质果率达到 80% 以上。

6.2　个体指标

6.2.1　主枝数

10 ～ 12 个。

6.2.2　枝干比

小于 1 ∶ 2。

6.2.3　枣股

100 ~ 120 个 / 主枝。

6.2.4　二次枝

15 ~ 20 个 / 主枝。

6.2.5　主枝产量

1 800 ~ 1 950 g/ 主枝。

6.2.6　主枝上枣吊数

230 ~ 250 个 / 主枝。

6.2.7　单果重

11 ~ 13 g/ 个。

7　改造过程及关键技术

对树龄 6 年、主干粗度小于 10 cm、高度小于 3 m 的树体，2 年完成树形改造；对树龄 10 年、主干粗度大于 10 cm、高度 3 m 以上的树体，分 2 年重回缩全树主枝培养单轴延伸新主枝，3 年完成树体改造更新。

7.1　改造当年的整形修剪

7.1.1　改造当年的春季修剪

7.1.1.1　疏枝

疏除中干上卡脖枝、过密枝、并生枝、下部徒长枝和多余的二次枝，扶强中干，逐步拉开枝干比，搭好纺锤形树形改造骨架。

7.1.1.2　重回缩

在中干上对有生长空间的角度直立的粗大主枝，全部留基部 10 cm 重回缩进行更新，培养单轴延伸新主枝。

7.1.1.3　主干刻芽

对主干过高或上部主枝之间有生长空间而无主枝的空缺部位，于早春萌芽前用手锯在主干预发枝部位隐芽上方横向深拉一锯，深

度 1 ～ 2 cm，进行定向刻芽。

7.1.1.4　短截二次枝

修剪时在符合培养主枝的部位，对已有多年生二次枝留基部 1 个枣股进行重短截，促使二次枝上的枣股萌发健壮枣头，作为预备枝培育主枝。

7.1.1.5　强拉枝

对树干上所有具有结果能力的枝条实行强拉枝，一律拉成水平状，缓放不剪。

7.1.2　改造当年的夏季修剪

生长季及时抹除所有主枝背面萌发的枣头。对更新部位抽生的枣头，只留 1 个健壮枣头，其余全部抹除。留下的新枣头当年直立生长，不拿枝、不拉枝、不摘心。

7.2　改造第二年的整形修剪

7.2.1　改造第二年的春季修剪

疏除中干上萌发的多余枝条，主枝数量控制在 12 个以内；对上年拉平的老化主枝在基部 10 cm 内刻芽，培养主枝预备枝；对上年新培养的一年生主枝进行拉枝开角。主枝长度达到 1.5 m 以上的拉成水平状，长度不足 1.5 m 的拉成 80°，让其自然延伸。

7.2.2　改造第二年的夏季修剪

同改造当年。

7.3　改造第三年的整形修剪

7.3.1　改造第三年的春季修剪

疏除中干上萌发的多余枝条，拉平上年培养出来的主枝预备枝，从主枝预备枝处锯除改造当年留下的老化主枝。

7.3.2　改造第三年的夏季修剪

同改造当年。

7.4　改造 4 年后的树体调整

改造 4 年后，改良纺锤形树形形成。严格控制主枝角度，维持丰产树形。根据主枝结果能力、生长状况及空间分布，适时调整主枝角度和长度。主枝结果能力衰退时，及时更新替换。每年更新 2 个主枝，6 年一轮回。

8　配套措施

8.1　伤口保护

改造过程中形成的剪锯口等伤口光滑平整，涂抹保护剂后，表面覆塑料膜或报纸。常用的果树修剪伤口保护剂有胶醋保护剂（米醋 0.3 kg+ 白色乳胶 1 kg 混匀备用）。

8.2　花期管理

按 DB64/T 418—2005 的规定执行。

8.3　土肥水管理

改造当年不追肥或少量追肥。第二年后正常施肥，按盛果期枣树的施肥量进行。每年秋季每 667 m^2 深施有机肥 3 000 ～ 4 000 kg。早春结合萌芽水，株施尿素 1 ～ 1.5 kg。幼果膨大期结合灌水，株施高效复合肥 1.5 kg。干旱缺水区土壤管理采用生草覆盖制。7 ～ 8 月高温季节及时补充水分。其他按 DB64/T 418—2005 的规定执行。

8.4　病虫害防治

每年秋季落叶后清园，不留田间杂草和枯枝落叶。早春萌芽前全园喷布 3 ～ 5 波美度石硫合剂。萌芽后做好枣瘿蚊、金龟子、枣尺蠖等害虫的防治，果实膨大期做好红蜘蛛、枣叶壁虱、枣桃小食心虫等害虫的防治。全年病虫害以预防为主，药剂选用符合 GB4285 的要求，防治方法和时间按 DB64/T 418—2005 的规定执行。

附录 5

灵武长枣病虫害防治周年管理历

时间	物候期	主要防治对象	防治措施
11 月上中旬至翌年 3 月中旬	休眠期	枣叶壁虱、尺蠖类、金龟子类、蚧壳虫类、红蜘蛛、枣瘿蚊、褐斑病等越冬的各种病虫害	（1）在封冻前，拣拾病虫枣，清理枣园，深翻树盘，浇封冻水，消灭在土中越冬的尺蠖类、金龟子类、枣桃小食心虫、枣桃六点天蛾、枣瘿蚊等害虫； （2）结合冬春季修剪，刮树皮，主要是拉枝，落头，开张主枝角度；剪除病虫枯枝、刮除老翘皮，集中烧毁。 注： ① 盛果期枣树萌芽前 15 d 左右，必须喷施第一遍杀虫剂、杀菌剂； ② 蚧壳虫包括枣大球蚧、梨园蚧、枣粉蚧等； ③ 金龟子类包括黑绒金龟子、苹毛丽金龟甲、云斑金龟子等； ④ 尺蠖类包括枣尺蠖、春尺蠖、桑褶翅尺蠖等。
3 月下旬至 4 月上中旬	根系开始活动	主要病虫害种类同上	（1）合理进行整形修剪，培养和调整骨架结构；增施有机肥，提高树体营养水平； （2）喷 3~5 波美度石硫合剂或 10% 混合氨基酸铜 500 倍 +40% 毒死蜱 1 000~1 200 倍，防绿盲蝽、枣叶壁虱、红蜘蛛、蚧壳虫等多种害虫及褐斑病等真菌病源； （3）进入盛果期的大树，树盘覆盖和树干包裹地膜（或涂胶环）防地下越冬害虫枣尺蠖、桃小食心虫、枣桃六点天蛾、枣瘿蚊等出土为害。
4 月下旬至 5 月	萌芽、展叶、抽枝期	绿盲蝽、尺蠖类、黑绒金龟子、食芽象甲、枣瘿蚊、蚧壳虫类等多种害虫	（1）进行枣树夏季修剪：抹芽、摘心、拉枝；对强旺树可进行环剥；树干上缠粘虫胶带，防治枣粉蚧。 （2）30% 氰马乳油（桃小灵）2 000 倍或 10% 吡虫啉乳油 1 000 倍 +40% 毒死蜱 1 000~1 200 倍；或 22% 氯氰・毒死蜱乳油 1 000 倍。上年病理性缩果病、褐斑病等发生严重的枣园，可加入 50% 甲基托布津悬浮剂 1 000 倍进行兼防。 注：主要防控为害枣芽的黑绒金龟子和象甲类害虫。

续表

时间	物候期	主要防治对象	防治措施
5月下旬至6月中旬	开花期	枣叶壁虱、红蜘蛛、苹毛丽金龟子、红缘天牛、尺蠖类、蝽类害虫等	（1）上年枣桃小食心虫发生严重，且没有采取覆膜措施的枣园，可根据监测预报，在先用旋耕机将全园中耕后，用50%辛硫磷乳油200 ~ 300倍液在树盘下或全园内进行地面喷洒，并用钉耙仔细耙耱，使地面形成约1 cm厚的药土层，杀灭越冬枣桃小食心虫幼虫，也可兼防枣瘿蚊、尺蠖下树入土化蛹的老熟幼虫等。 （2）1.8%阿维菌素水乳剂2 000~2 500倍，或20%三唑锡悬浮剂1 000~1 200倍+10%吡虫啉1 000倍。 （3）红缘天牛成虫较多的枣园，可加入45%高效氯氰菊酯乳油800~1 000倍防控。 注： ① 树上喷药一定要均匀周到，树冠所有叶片反正面，尤其是内膛、树干、地下杂草一定要喷到。 ② 三唑锡对枣树上各种害螨的成螨、幼螨、若螨均有良好杀伤作用，有效控制期达25 d以上。
6月下旬至7月上旬、7月中下旬各用药1次	幼果期	枣桃小食心虫、枣叶壁虱、枣桃六点天蛾、红蜘蛛为害高峰期，褐斑病、缩果病开始侵染	杀菌剂用：丙环唑+多菌灵+农用青霉素（140 IU/ml），或喹啉铜+多菌灵+农用青霉素（140 IU/ml）。
8月至9月上旬	膨果期	褐斑病、缩果病、枣叶壁虱、绿盲蝽等	根据监测预报，对树体喷洒1.2%苦·烟乳油800 ~ 1 000倍液，或3%克菌清800倍液+森得宝1 500倍液+0.3%磷酸二氢钾+0.3%尿素混合液。
9月中下旬至10月	成熟期	大青叶蝉、裂果病等	（1）根据虫情监测和天气预报，对幼龄期枣园树体和行间杂草喷洒1.2%苦·烟乳油800~1 000倍液或2.5%氯氰菊酯乳油1 500 ~ 2 000倍液，防治大青叶蝉。 （2）秋季多雨量年份，在雨后对树体喷洒2次300 mg/kg氯化钙水溶液，防止枣裂果病的发生。

附录 6

宁夏红枣评比大赛规则及评分标准

1　评委及构成

宁夏红枣评比大赛评委由专家组、企业组和群众组 3 个组组成，每组 7 名，共 21 名。专家组评委由大赛评审委员会邀请宁夏知名专家组成；企业组评委为从红枣主产区选取的 7 名企业代表；群众组评委为从现场随机挑选的 7 名群众。

2　评定方法

评比由客观测定和主观评定两部分组成，权重各占 50%，分两步进行。

2.1　客观测定

由专家组通过仪器测定所送样品的农残含量、单果重量、可溶性固形物、硬度等客观物理指标，对其测评打分。

2.2　主观评定

由专家组、企业组、群众组 3 个评审组公开对参评样品的外观品相、口感风味、综合评价 3 个方面现场打分。

2.3　结果汇总

每个参评样品的最后分值为客观测定和主观评定分值之和，权重各占 50%，名次按分值高低，依次排序。客观测定得分为专家组测评得分；主观测评得分按照专家组评分占 60%、企业组评分占 20%、群众组评分占 20% 的权重进行汇总。

3　评分内容及标准

客观测定内容及标准如下。

3.1　农残含量（20分）

按照国家食品安全要求采用 CL-B Ⅲ型农药残留速测仪，通过测定样品中乙酰胆碱酯酶抑制率的大小确定残留农药的浓度，抑制率小于等于 50%，总量不超标得 20 分；大于 50% 为不合格，取消参赛资格。

3.2　单果重量（30分）

每个样品随机取 20 个，采用电子天平称重，取平均单果重。评分参考值为单个品种所有参赛样品测定的平均值，大于等于参考值的样品得满分 30 分，低于参考值的样品每低 0.1 g 减 2 分，依次计分。

3.3　可溶性固形物（30分）

每个样品随机取 5 个，采用电子测糖仪测定枣果阳面果肉可溶性固形物含量，评分参考值为单个品种所有参赛样品测定的平均值，大于等于参考值的样品得满分 30 分，低于参考值的样品由专家统一口径，按照下浮差距依次减分。

3.4　果实硬度（20分）

每个样品随机取 5 个，采用水果硬度计测定枣果阳面带皮硬度，评分参考值为单个品种所有参赛样品测定的平均值，大于等于参考值的样品得满分 20 分，低于参考值的样品由专家统一口径，按照下浮差距依次减分。

4　其他事项

采用百分制算出各参赛样品分数后，在分数相同的情况下，再参照可溶性固形物含量、风味、外观的总分排序进行再判定，确定最终名次。

表 1　宁夏红枣评比大赛客观测定评分表

时间：

样品编号	客观测定（100 分）				最终得分（100 分）
	农残含量（20 分）	单果重量（30 分）	可溶性固形物（30 分）	果实硬度（20 分）	
	合格得满分，不合格取消比赛资格	大于参考值得满分，低于参考值，单果重量按每低 0.1 g 减 2 分；可溶性固形物和果实硬度由专家现场统一标准，按照下浮差距依次减分			
1					
2					
3					
4					
5					

表 2　宁夏红枣评比大赛主观评定评分表

时间：　　　　　　　　　　　　　　　　　　评委签字：

样品编号	外观品相（40 分）				口感风味（40 分）				综合评价（20 分）	最终得分（100 分）
	品种特征明显（10分）	形状匀称丰满（10分）	色泽全红（10分）	果面光洁无瑕疵（10 分）	酸甜适度（10分）	清脆爽口（10分）	风味浓郁（10分）	汁液丰富（10分）		
1										
2										
3										
4										
5										

表3　宁夏红枣评比大赛综合得分汇总表

时间：　　　　　　　　　　　　　　　　　　组长签字：

<table>
<tr><th rowspan="3">样品编号</th><th colspan="2">客观测定（50分）</th><th colspan="6">主观评定（50分）</th><th rowspan="3">最终得分（100分）</th></tr>
<tr><th rowspan="2">专家评分</th><th rowspan="2">实得分</th><th colspan="2">专家组（60%）</th><th colspan="2">企业组（20%）</th><th colspan="2">群众组（20%）</th></tr>
<tr><th>专家评分</th><th>实得分</th><th>专家评分</th><th>实得分</th><th>专家评分</th><th>实得分</th></tr>
<tr><td>1</td><td></td><td></td><td></td><td></td><td></td><td></td><td></td><td></td><td></td></tr>
<tr><td>2</td><td></td><td></td><td></td><td></td><td></td><td></td><td></td><td></td><td></td></tr>
<tr><td>3</td><td></td><td></td><td></td><td></td><td></td><td></td><td></td><td></td><td></td></tr>
<tr><td>4</td><td></td><td></td><td></td><td></td><td></td><td></td><td></td><td></td><td></td></tr>
<tr><td>5</td><td></td><td></td><td></td><td></td><td></td><td></td><td></td><td></td><td></td></tr>
</table>